JN221525

南極の火山エレバスに魅せられて

神沼克伊 著

現代書館

白い噴煙を上げるエレバス山

1984年10月の噴火後、噴出物に覆われた
中央火口丘と調査隊を運んだヘリコプター

南極大陸概念図

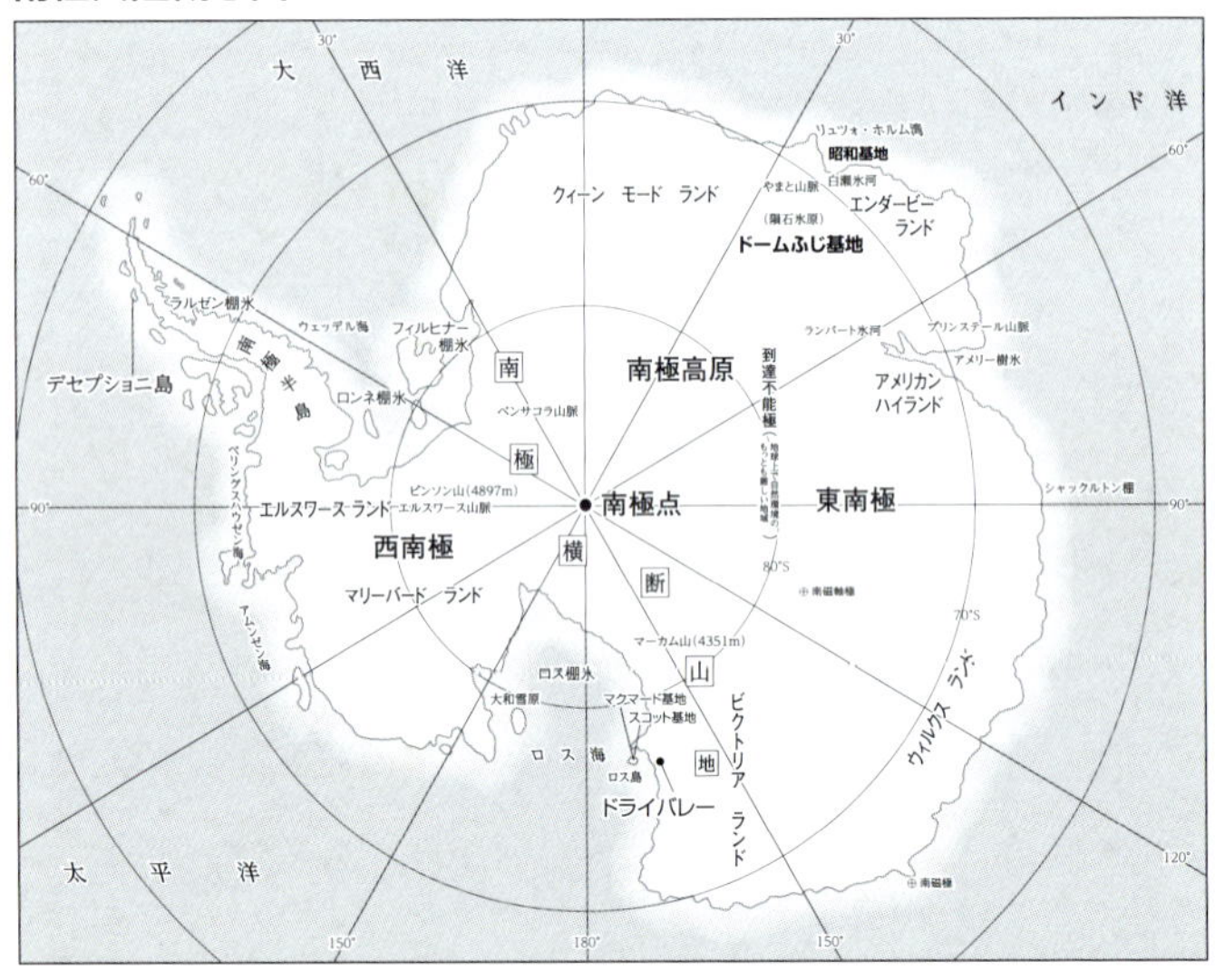

フーパーショルダー観測点を
ヘリコプターで訪れて観測器
械のメンテナンスをする日本
の観測隊員

1911年に第二次スコット隊が越冬拠点とした
ロス島のエバンス岬スコット小屋

ロス島にあるアメリカのマクマード観測基地（1980 年頃）

プロローグ

一九七四年十二月十一日十四時三十分（日本時間十一時三十分）、南極ロス棚氷上のアイスフィールドと呼ばれる飛行場に降り立った私は、彼方に見えたエレバス山にすっかり興奮してしまった。

日本とニュージーランドの間に直行便が開設されたのはそれから十年後であり、当時はオーストラリア経由で飛ぶのが最短距離だった。前々日の夜九時に羽田空港を離陸し、経由地のシドニーからクライストチャーチに飛び一泊、翌朝九時にクライストチャーチを大型ジェット輸送機Ｃ－141で飛び発ち五時間で南極に到着したのだ。日本を出発してから三十八時間で南極への到着である。日本から丸二日もかからず南極に到着した例は、たぶん初めてだっただろう。

現在でも日本の南極観測隊は昭和基地まで行くのに、観測船で約一か月を要している。短い時間で南極に到着した時は、何となく違和感を覚えたが、手軽に行くことが南半球の国ニュージーランドの南極観測のやり方だった。

初めての土地で、しかも曇天のため太陽の位置も分からず、北も南も判断できなかったが、見渡す限りの雪原の彼方にいくつかの山々が見えた。その中で山頂から微かに白い煙を上げている高山が、北方に位置するエレバス山だと、すぐ分かった。

一九〇一年のスコットが率いたイギリスの南極探検隊に参加し、越冬して『世界最悪の旅』を著したチェリー・ガラードがその中で、「日本の富士山は世界一美しい山、南極のエレバス山は世界一重厚な山」と称したように、エレバス山の「ずんぐり」あるいは「どっしり」とした山容は、どちらかと言えば鈍重に見える。標高も富士山とほぼ同じ三七九四メートルである。私にとって、火山学を専門に学び始めてから、初めて見る外国の火山だった。

エレバス山の容姿は、白扇を逆さにしたとその美しさが称せられる富士山とは比べることはできないが、山頂から麓まで純白の雪と氷に覆われたその姿は、十分に自然の美しさを醸し出していた。初めて南極大陸に足跡を印してから、八年目にしてようやく目にすることができた大火山だ。私にはすぐこの山を調べてみたいという欲望が湧いてきた。

それが実現できるようになるにはさらに五年の歳月が必要だった。ニュージーランドやアメリカの研究者と協力して「エレバス火山の地球物理学的研究」という名のプログラムを国際共同で約十年間実施し、エレバス山の火山活動を解明することができた。その姿を少しでも多くの人々に知っていただきたいと考え、本書を執筆した。今では外国の山ではもっとも好きになったエレバス山を、科学と観光の面から紹介する。

目次

第三章　南極の姿とエレバス山への登頂……47

第四章　国際地球観測年……95

第五章　エレバス山の調査……111

第六章　国際プロジェクトで火山観測……125

第七章　分かってきたエレバス山の火山活動……141

第一章　南極にも火山がある

1　南極での火山大噴火

南極で初めて火山噴火が確認されたのは、第二章で詳述するように、一八四一年一月二十八日に目撃されたエレバス火山からの溶岩の流出であった。しかし、これは火山体からは何キロか離れた洋上からの視認だった。

一九六七年十二月四日、南極半島付近のデセプション島で大爆発が起こった噴火では、噴火地点から一～二キロメートルの範囲内に観測隊員が滞在していて、噴火を目撃し、命からがら島から脱出した。デセプション島は海底火山の頂上部が海上に露出して形成されている火山島で、馬蹄形をしている。馬蹄形の内側は波静かな天然の良港で、十九世紀の南極捕鯨の盛んなころは、アメリカの捕鯨船が休養のために停泊し、ヤンキーハーバーと呼ばれていた。ヤンキーハーバーはその後フォスター港と呼ばれたが、現在はフォスター湾と呼ばれることが多い。一九二九年にこの地で「振り子を使った重力測定」や「地磁気の測定」などの科学調査を実施したヘンリー・フォスターを顕彰しての命名である。フォスター湾はカルデラであり、その外輪山（噴火口縁）が海上に突き出て島を形成している。

火山爆発は長さ八キロメートル、幅五キロメートルのフォスター湾の奥で起こった。噴煙の高さは測定されていないが、数千メートルの高さにまで達したと推定されている。この爆発で島内にあったイギリス、チリ、アルゼンチンの基地は破壊され、以後閉鎖された。観察によると爆発前に島内にあるルッカリー（集団営巣地）のペンギンたちは姿を消していた。観測基地はすべて破壊されたが、基地にいた各国の観測隊員たちは全員脱出に成功し、犠牲者は出なかった。

この爆発は十二月六日の日本の新聞でも、三段抜きの見出しで「南極で火山爆発・昭和基地は無事」と報道された。この時私は第八次日本南極地域観測隊の越冬隊員として、昭和基地で越冬していた。越冬隊の留守家族はこの新聞報道で皆心配したらしいが、昭和基地とデセプション島は四〇〇〇キロメートルも離れており、フィリピンの火山噴火で日本に被害があるのではと心配するようなもので、日本の観測隊にとっては何の問題もない爆発だった。

この爆発を皮切りに、デセプション島では断続的に噴火が続き、一九六九年の活動では、フォスター湾の湾奥に長さ九三〇メートル、幅二〇〇メートルの島が出現し、その島の頂上付近には三個の噴火口が並び、最高点は一七〇メートルに達した。地球深部から上昇した溶岩が海底から流出し、新島が出現したのだ。南極地域で新しい島の出現はこの時が初めてで、その後もまだ例はない。現在はその島はほとんど消滅してしまっている。溶岩でもろく、波浪に浸食された結果である。

デセプション島の火山活動はその後、沈静化し、一九七〇年には付近でマグニチュード七と、地震の起こらない南極で当時としては観測史上最大の地震が起こったことが話題になった。

一九六七年の爆発で破壊された基地は閉鎖されたままであるが、現在はスペインが基地を設け、夏の間だけ観測を続けている。フォスター湾内には温泉が湧出しており、時には観光船が寄港し、観光客に海水浴を楽しませている。

2　火山を作るプレート運動

一九六〇年代に入り地球物理学は進歩した手法を駆使して、地球表面から内部の調査研究を始めた。その結果、火山、地震、重力、地形など地球表面付近のいろいろな現象を統一的に説明できるモデルとして「プレートテクトニクス」が提唱された。プレートテクトニクスの特徴は、それまで「海底が隆起して山になる」と陸地の運動は上下方向だけと考えられていたのが、陸地が地球表面を水平に移動することを明らかにした点だ。

十七世紀に世界地図が出版されるようになって、アフリカ大陸の西岸と南アメリカ大陸の東岸の海岸線が似ていることに気が付かれ始めたが、その理由の説明はできないでいた。初めて、その説明をしたのがドイツの気象学者であるウェーゲナーだった。彼は両大陸の海岸線が似ているのは、二つの大陸が一つの大陸だったからで、それが分裂して現在の形になったと考えた。そして地質構造や動植物の化石の分布などから、現在の地球上の大陸を考慮しながら過去に形成されていた超大陸ゴンドワナを復元し、一九一〇年ごろに「大陸移動説」を提唱した。

しかし、どのようなメカニズムによって大きな陸地（大陸）が引き裂かれ、地球の表面を移動していくのかは解明されなかった。巨大大陸を分裂させ、何千キロも地球の表面を移動させる原動力が分からず、一九三〇年代には大陸移動説はかえりみられなくなった。そして、一九五〇年代になって大陸移動説は「海洋底拡大説」として復活した。

地球上の海底を含むいろいろな場所で岩石を採集して、その岩石の持つ磁場の方向や強さから、その岩石のできた時代の地球磁場の極の位置が調べられた。例えば火山から噴出した溶岩が冷えて固まる時、その中に含まれる鉄分は、その時点の地球の磁場を獲得する。微弱ではあっても、溶岩は当時の地球の北と南を示す磁石になっている。このように岩石の磁場を調べる学問分野を古地磁気学と呼ぶ。地球上のあちこちで採集された岩石試料を調べ、その岩石ができた時代の地球の磁石の北極と南極を調べてゆくと、どうしても陸地が移動しないと説明できないことが分かってきた。そしてその移動はその陸地を乗せた海底が動くことから「海洋底拡大説」へと発展した。

動く陸地は海面上の陸地だけではなく、地表から深さ七〇～一〇〇キロメートルまでの地殻や、マントル上部の厚さ一〇〇キロメートル前後の巨大な岩盤であることが分かり、この岩盤をプレートと呼び、その運動を説明する学説として「プレートテクトニクス」が提唱された。プレートテクトニクスでは、現在の地球上は十数枚のプレートで覆われている。それぞれのプレートは湧き出し口と沈み込み口がある。湧き出し口は主に海底にある山脈（海嶺）であり、沈み込み口は海溝やトラフである。湧き出し口で地球内部から上昇してきた物質によって形成されたプレートは、その上に大陸を乗せて移動して沈み込み口に達すると、地球内部へと沈み込み消滅してゆく。だから大陸が動くのに特別な力は要らない。ただ海底の上に乗っていればよいのである。その上の陸地は沈み込み口の相手側の陸地と衝突して、大きな山塊となる。エベレストやチベット高原はその典型である。

海溝や海嶺などプレートの境界では地震が起き、火山が噴出している。地震も火山もその生みの親はともにプレート運動という力である。日本列島は相接するユーラシアプレートと北米プレートの下に太平洋側から太平洋プレートとフィリピン海プレートが沈み込んでいる。このように四枚のプレートが接している地域は地球上でも特異な場所である。その結果地球上で起こる全地震の一〇パーセントが日本列島周辺で発生し、一〇〇座以上の活火山が存在している。

3　南極プレートとエレバス火山

ウェーゲナーの提唱した超大陸ゴンドワナは、一億八千万年前から分裂を始め、アフリカプレート、南米プレート、オーストラリアプレートなどに分かれ、地球上に拡散していった。そんな中で南極プレートだけは一億八千万年前と同じで、その境界はデセプション島付近のほんの一部を除いて、すべて湧き出し口に囲まれている。沈み込み口がないのである。このため南極プレートは百万年の間に、フランス国土と同程度の五〇万平方キロメートルの広さで拡大している。南極プレートがなぜ「拡大する南極プレート」なのかは、いくつかの仮説はあるが完全な解明には至っていない。「拡大する南極プレート」の解明なくしてプレートテクトニクスが完成されたとは言えないと考えている。

デセプション島は南極プレートの境界に位置しているが、エレバス火山は南極プレートの内部に位置している。プレート運動が「エレバス火山の生みの親」とは言えないのだ。地球上の火山の中でプレート境界に位置していない火山を「ホットスポット型火山」と呼んでいる。

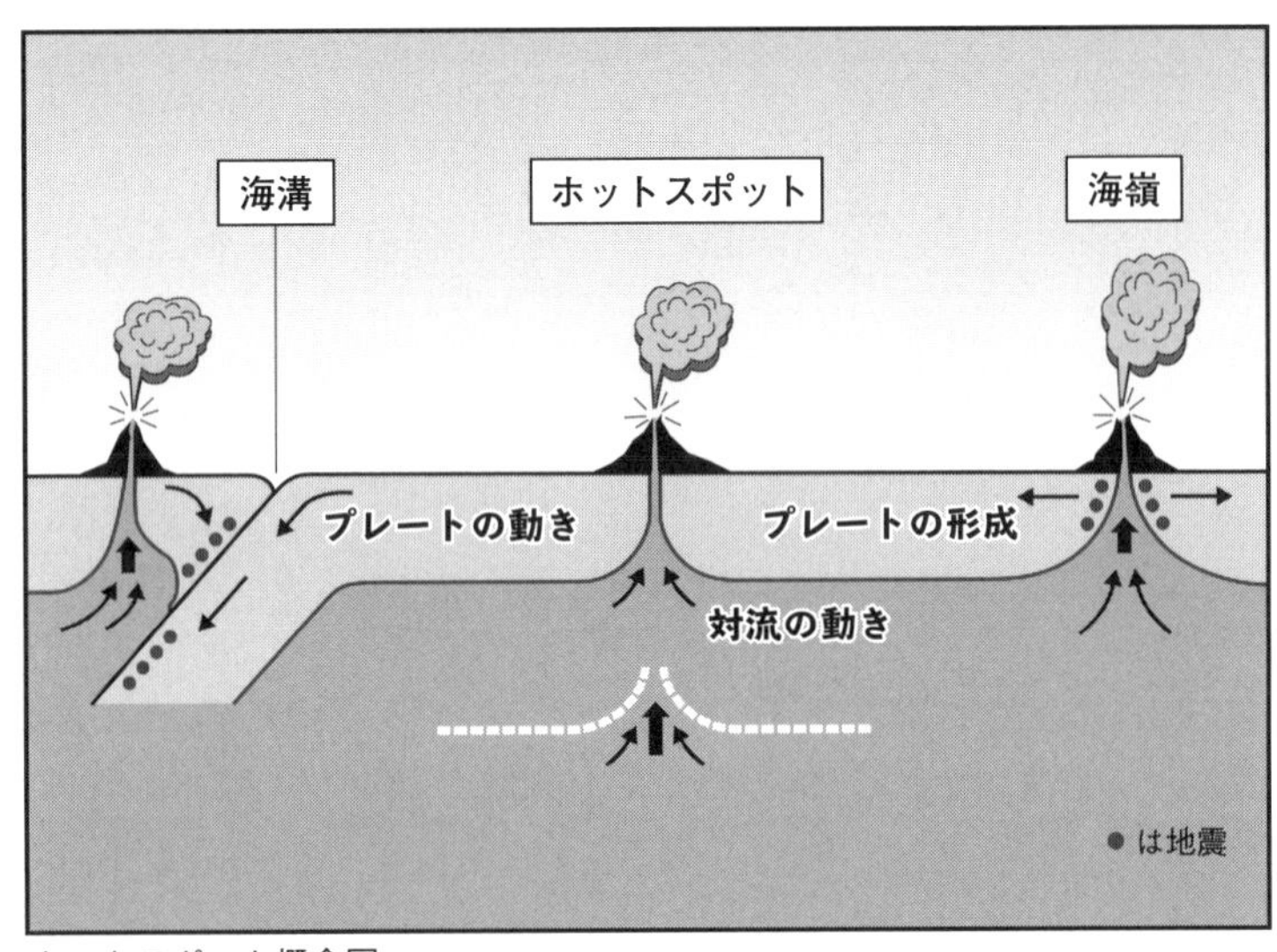

ホットスポット概念図

ホットスポットとは、その源が一〇〇〇キロメートル以上の深部にあって、高温物質がゆっくりと上昇し、プレートの厚い岩盤を突き破って噴出している火山の総称である。太平洋プレートの中央に噴出しているハワイ諸島は、もっとも典型的なホットスポット型火山である。

主な島だけで八島あるハワイ諸島の中で最西端に位置するニイハウ島やカウアイ島からマウイ島までは、すべて活動を終えた火山島である。わずかにマウイ島の東側に位置するハレアカラ火山は、人類がその噴火を認めてはいるが、全体としてはもう活動しない火山である。そして東端に位置するハワイ島だけが現在も活発に活動している。

地球深部からは次々に高温のマグマが上昇し、噴火を繰り返しているが、そのホットスポットの噴出口が現在はハワイ島なのである。その西隣にあるマウイ島もほとんど火山活動は終息しており、さらに西側のオアフ島ではダイアモンドヘッドに代表されるように、いくつかの噴火口は鮮明に残っていても、もう二度と噴火することはない。

ハワイ島を起点に西北西方向にハワイ諸島から海山（海底火山）が連なり、その延長線上にはミッドウェー諸島が位置するが、これも現在のハワイ島の地点で噴出した溶岩によって形成された火山島である。その島々が日本列島の方向に移動する太平洋プレートに乗って、現在の位置にまで移動したのだ。ハワイ諸島からミッドウェー諸島に並ぶ海山列が、プレートの動きを示す典型例と言えよう。

カウアイ島と茨城県鹿島の距離は毎年測定され続けており、年に九～一〇センチメートルほどの割合で、ハワイ諸島は日本列島に近づいていることが明らかになっている。

エレバス火山は南極プレートの境界から一〇〇〇キロメートルほど内側に位置している。調査研究が進むに従って、エレバス火山周辺の地域がホットスポットだという事が分かってきた。そしてエレバス火山もハワイ諸島と同じように、非常に流れやすい玄武岩質溶岩が噴出していること、山頂の火口内には溶岩湖が長期間存在することなども分かってきた。

4　四つのホットスポット型火山

ホットスポット型の火山は地球上に一〇〇座以上存在しているが、その中でエレバス山とハワイ島を含む四座が同じような特徴の活動をする火山であることも分かってきた。その一つがアイスランドである。アイスランドはユーラシアプレートと北米プレートの境界に位置する。ともに湧き出し口の境界であるが、その湧き出し口にたまたま噴出したホットスポット型火山なので、研究者の注目が集まっている。

アイスランドはその北端が北極圏に入る、北極内の数少ない火山である。島のいたるところ、どこからでも噴火する。島内には氷河も存在するが、氷河の底で噴火が起こると溶岩が氷河を融かし、泥流となって山麓に流れ下り、時には人の住む地域にも被害を発生させる。流れやすい玄武岩質の溶岩が作った平坦な地形には、南北に走る何本もの亀裂が入っている。この亀裂をギャオと呼ぶが、湧き出してきたプレートが東西に分かれるために東西に引っ張る力が働き、島中のあちこちにこのような亀裂が見られる。

アフリカ中央部のコンゴにあるニーラゴンゴ（三四六九メートル）もまた同じようなホットスポット型火山である。噴出した玄武岩質溶岩は流れやすく、しばしば山麓の街まで流出し、大きな被害をもたらしている。そして山頂の火口内には溶岩湖が存在し、活動を続ける。

これらの火山の特徴は、一度噴火が起こると、数週間から数か月も火山活動が続くことで、山頂の火口内には溶岩湖が存在し、その表面は赤く常に地下からマグマが供給されていることを示している。

南極のエレバス山から、太平洋中央のハワイ、大西洋北部のアイスランド、そしてアフリカ大陸中央部のニーラゴンゴと、この四つの火山はほぼ大円上に、角距離（角度で表した二点間の隔たり）がおよそ九〇度で並んでいる。二つに割ったスイカを想像して欲しい。スイカの頭の部分にアイスランドがあるとすると、エレバス山は底の部分に位置する。そして輪切りにして頭を上にすれば右側の中央にハワイ、左側の中央にニーラゴンゴが位置しているのである。それぞれの間隔がほぼ九〇度の角距離を有している。

なぜこんな配置になったのか、原因は分からない。ホットスポット型の火山は地下深部から高温物質が上昇していることに原因があるのではと、私は考えている。この高温物質の上昇過程を「マントルプルーム」と呼ぶが、地下深部でのその発生のメカニズムの解明が、その答えを与えてくれると期待している。

この四つの火山では溶岩湖が長期に滞在するが、中でもエレバス山の溶岩湖は特別で、一度出現すると十年近くも存在し続けるらしい。日本では伊豆大島の噴火口内に溶岩湖が出現することが知られている。山頂火口内に溶岩湖が存在すると、夜は火口周辺がボーッと赤くなる。灼熱の溶岩が周辺を明るくしたり、上空に雲があればそこへ反射したりして夜間には火口周辺が赤く、明るくなるのである。この現象を「火映」と呼ぶが、伊豆大島では「御神火」と呼んでいる。

したがって御神火が見える時は、山頂火口内に溶岩湖が存在している時である。とはいえ伊豆大島の溶岩湖が一か月も連続して存在し続けることは極めて珍しい。上記四つの火山では溶岩湖が数か月間も存在し続けることは珍しくない。最近のハワイ島の噴火でも、流出した溶岩が海に滝のように流れ落ちる姿が日本でも報道され、それが何か月も続いていた。

そんな中でエレバス山の溶岩湖は数か月ではなく、数年から十年存在し続けているらしいと気が付いた。第二章でも述べるが、一九〇一年から一九一二年の約十年間のうち、ほぼ半分の期間はスコットやシャクルトンがロス島西側で越冬し、エレバス山も毎日のように観察され続けた。そして夜のある季節（三月から十月）になると、毎夜のように火映現象を観察していた。当時誰も火口内を見ていないのだから、本当のところは分からないが、十年の長きにわたり溶岩湖が存在していたと推測できる。余談だが、この時に越冬していた人たちはエレバス山の火映現象とオーロラの乱舞を同時に見られたのだと羨ましかった。

真冬のエレバス山山頂の気温はマイナス五〇～六〇℃の極低温である。そんな低温の中で溶岩湖が赤く見え続けるのは、冷えれば黒く固結するマグマが、常に溶融状態を保てる一一〇〇℃以上の高温を保ち続けていたからである。そのためには地下にマグマだまりが存在していて、上部の溶岩湖との間にマグマの循環するパイプがなければならない。高温のマグマが溶岩湖に注入され続けているから、溶岩湖は固結しないのである。しかし、マグマの注入が続けば溶岩湖はあふれ出すはずなのにそうはならない。ということは、溶岩湖からマグマだまりへの逆の循環もなければならない。

そんな想像が次々に湧いてくるが、日本の火山では不可能な研究なので、できることなら自分の手でこの現象を解明してみたいとの欲望、知的好奇心が私の中に芽生えてきていた。

5　南極の火山分布

南極大陸はほぼ地球の真南に位置し、日本の三十数倍の面積を有する大陸である。その巨大大陸は東半球側と西半球側に大別される。そして東半球側の部分こそ、かつてのゴンドワナの一部である。東半球側の〇度から一八〇度の経度線に沿って、大陸を二分するように総延長四〇〇〇キロメートルに達する南極横断山地が横たわる。南極大陸は南極横断山地を境界として、東半球側の古い地質時代の大陸と西側の新しい時代の大陸とに分かれる。エレバス山は東半球側に位置するが、南極横断山地から見ると西半球側に近いので、新しい地質構造の地域に属する。デセプション島も西半球側の新しい地質構造の地域に属する。南極の火山はこのように、ほとんどが西半球側に位置している。

エレバス山はロス海南西端のロス島にあり、標高三七九四メートル、山麓の広がりが三〇キロメートルで、日本の富士山とほぼ同じような規模の山である。ロス島は初めてこの海域を航海したイギリスのジェームス・ロスを記念してロス海とともに命名された島である。

南磁極発見を目的に現在のロス海を南下していたイギリスの探検隊は一八四一年一月二十七日に前方に陸影を視認した。そして二十八日、さらに南下を続け、陸影ははっきりとなり、そこに大きな山が横たわっていることを発見した。しかも一行を驚かせたのは、その西側の山から噴煙が昇り、頂上からは赤い溶岩が流出していることが確認されたことだ。

一月下旬のこの海域は、一日中太陽の沈むことのない夜のない季節で、暗くならないのに山頂からの流れ出ている溶岩が赤く見えたのだから、おそらくその温度は一〇〇〇℃から一一〇〇℃と非常に高温だったと推定される。一九七〇年代に入り私が調査で山頂に滞在した時、山頂火口の西側斜面で縄状溶岩（縄を巻いたような様相の溶岩）の流れを確認している。その後は溶岩流出というような大きな活動もなかったようなので、この溶岩こそ、そのころの火山活動で流出した溶岩ではないかと想像し楽しかった。

イギリスは火山国ではないので、隊員たちは初めて火山噴火を見たことになる。雪と氷の世界で、高山が火を噴いていたことに大いに驚いたようだ。ただ雪や氷、寒いという現象は地球表面の現象であり、火山は地球内部の現象だから、南極に火山があっても不思議ではなかった。それどころかこの付近は南極でも数少ない火山地帯であることが、その後の調査で明らかになった。ロス隊は噴火している山に「エレバス」、東側の高い山に「テラー」と、それぞれ自分たちの船の名前を付けた。

現在はそれぞれのピークにも名前が付けられ、島の東側にはテラー山（三二六二メートル）、中央にテラノバ山（二一三〇メートル）が横たわり、その西側にエレバス山が雄大な姿を見せている。北側にはバード山（一八〇〇メートル）、南側にはハット岬半島が延びている、その南端のハット岬付近にはアメリカのマクマード基地やニュージーランドのスコット基地が作られているが、付近一帯には標高二〇〇〜三〇〇メートルの古い噴火口が並んでいる、半島そのものが噴火口の並ぶチェーン・オブ・クレーター（噴火口の鎖）とも呼べるように、次々に噴火した火口が連なって形成されており、その上に基地が建設されている。

一九〇八年の越冬中にシャクルトン隊が北側のバード山麓で小さな水蒸気爆発を視認した以外、現在ロス島で噴火しているのはエレバス山だけである。

ロス島の西岸からマクマード入り江を挟んで南極大陸の東沿岸には多くの火山が並んでいる。マクマード入り江の南端に美しい姿を見せているディスカバリー山（二六八一メートル）、その背後にはモーニング山（二七二三メートル）が静かに横たわり、国際地球観測年（一九五七〜五八年）のころは山体の一部に地熱地帯があったことが確認されている。

ディスカバリー山から北に延びるブラウン半島、その東側、ロス島の南に広がるロス棚氷上にあるブラック島、ホワイト島も火山島である。ブラウン半島の北側には、時代は不明だが噴火によって生じた火山泥流が堆積し、マクマード入り江の中央に浅瀬を作っている。その北側には、海底火山の頂上だけが数十メートルの高さで海氷上に現れただけの小さな島が並び、デイリー諸島と呼ばれている。

エレバス山付近から約四〇〇〇キロメートル北方の大陸沿岸にはメルボルン山（二五九〇メートル）があり、この山にはまだ噴気地帯が残っている。人類はその噴火を確認していないが、付近の氷河の中には火山灰層が認められ二〇〇〜三〇〇年前には噴火があったことを示してい

番号	火山名	緯度	経度	標高	噴火活動など
1	バックル島	66° 48′ S	163° 15′ E	1,239m	19世紀に噴煙確認
2	エレバス山	77° 32′ S	167° 09′ E	3,743	発見以来断続的に噴煙をあげる
3	デセプション島	62° 57′ S	60° 38′ W	602	1842?, 1967, 1969-70, 温泉
4	ブリッジマン島	62° 04′ S	56° 40′ W	240	噴火記録なし
5	クリステンセン山	65° 06′ S	59° 34′ W	305	1893, 水蒸気爆発
6	リンデンベルグ島	64° 55′ S	59° 42′ W		1893
7	ハンプトン山	76° 29′ S	125° 48′ E	3,323	噴火記録なし
8	ベルリン山	76° 03′ S	143° 30′ W	3,496	噴火記録なし, 氷塔
9	メルボルン山	74° 21′ S	164° 42′ E	2,590	噴火記録なし, 氷塔
10	モーニング山	78° 30′ S	163° 32′ E	2,723	噴火記録なし, 地熱

南極の主な火山

る。このようにロス島を中心に存在する火山をマクマード火山群と総称している。ともに地下深部から上昇するホットスポットによって形成されたものであるが、その詳細は解明されていない。

デセプション島の爆発以来、南極半島付近の火山島も調査が行われており、噴火は確認していないが、山体周辺の氷河や海氷に分布する火山灰層から噴火があったことが確認されている火山島もいくつかある。これら南極半島先端付近の火山群は、現在では活動を停止しているプレートの沈み込み口に形成された火山と考えられている。

大陸縁のバードランドにあるハンプトン山（三三二三メートル）、ベルリン山（三四九六メートル）なども噴火こそ認められないが、最近まで活動していた火山である。ベルリン山には現在でも地熱地帯がありそこから噴気が上昇し、その噴気が凍ってできる氷塔（アイスピナクル）が存在するという。氷塔はエレバス山にもあり、高さが三〜五メートルに達するものもある。氷塔の中心には地下から続く噴気孔がある。

6　冒険の世界・南極と北極

一九五〇年代から、南極観測が実施される話題とともに、世界の冒険家たちの間ではエレ

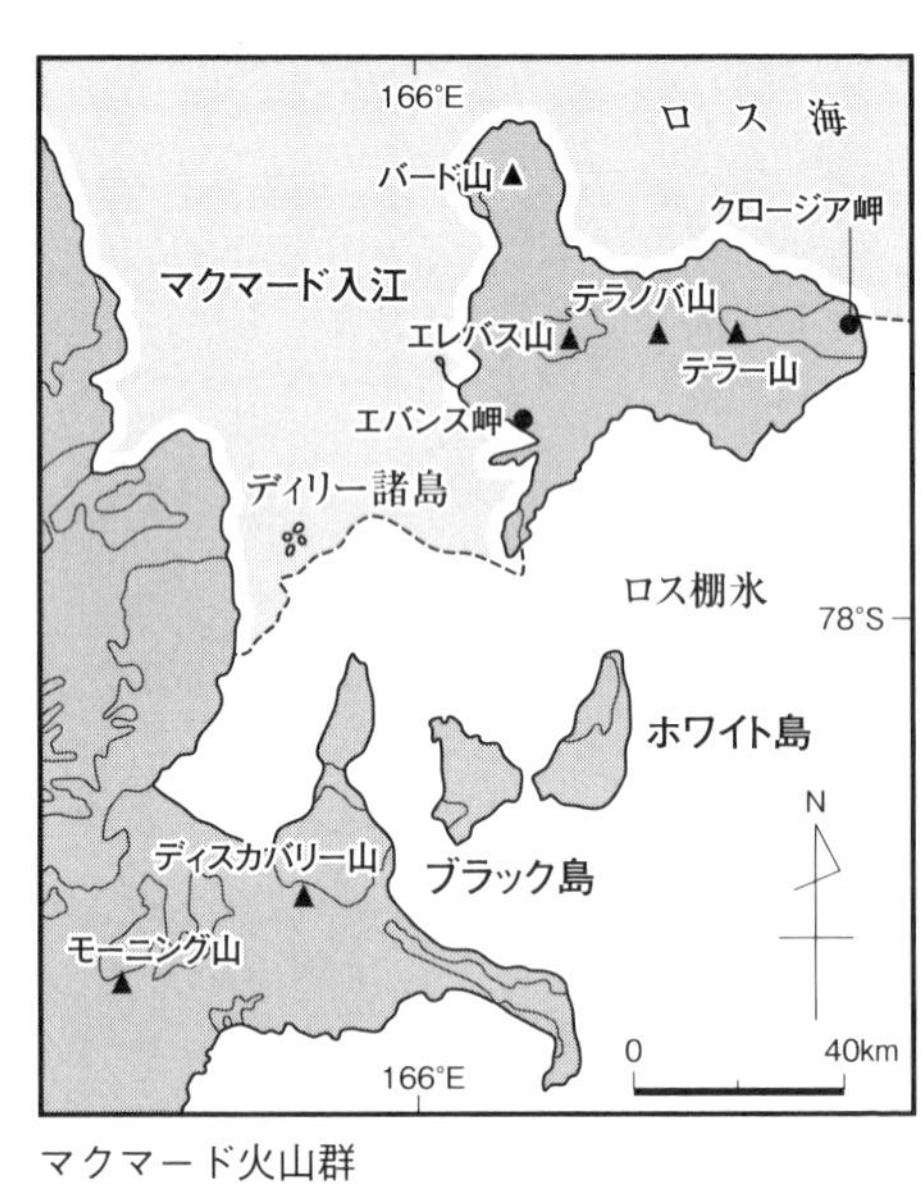

マクマード火山群

バス山への登頂、エレバス山頂からスキーでの初滑降が話題になっていた。南極大陸の最高峰はエルスワース山地のビンソンマシッフ（ビンソン山　四八九七メートル）であることが分かってきてからも、アプローチがしやすいことで、エレバス山への関心、人気は高かった。

私も、エレバス山からスキーで初めて滑り降りたいと、冒険スキーヤーから情報を求められたことがあった。しかし少なくとも一九六〇年代の初めには、エレバス山をはじめ付近一帯の山々ではニュージーランド隊やアメリカ隊が地図作りのための測量を繰り返しており、探検・冒険の世界ではなくなっていた。測量隊を補佐するフィールドアシスタントたちは、仕事が終わればスキーで基地に戻る人もいた。

そんな背景のあるところなのに、日本のスキーヤーの中には、一九七〇～八〇年代になっても「世界初の南極エレバス火山からのスキー滑降」と銘打って、スポンサーを募っている人がいたのには驚いた。

現在は南極最高峰のビンソンマシッフにも観光施設が整備され、一九七〇年代とは比較にならないくらい楽に登れるようになっている。

南極も北極もその姿はほとんど分かってきてはいる。しかし、そこには大きな違いがあることをどの程度の人が気付いているのだろうか。

ただ一言で「北極」「南極」と言ってもその意味するところは大きく異なる。

南極と北極を一口に「極地」と呼ぶが、その極地の指す範囲はどこだろうか。私は「極地とは緯度六六・五度より高緯度の地域」と定義するのがよいとしている。このように定義すると、その地域では少なくとも一年に一日は、太陽が沈まない日と現れない日が存在する。太陽が一日中現われない日を『極夜』と呼ぶ。地球の回転軸が北と南の地球表面で交わる点が北極点（北緯九〇度）と南極点（南緯九〇度）である。そこでは一年三六五日の半分よりやや多い「夜のない日」と、三六五日の半分よりやや少ない「極夜（一日中太陽が地平線・水平線上に昇らない）の日」がある。「夜のない日」と「極夜の日」の数は緯度が低くなるに従い少なくなり、六六・五度でそれぞれ一年に一日、それより低緯度の地域では年間を通じて一日の中には必ず夜と昼が存在する。

ここで三六五日の半分より「やや多い」、「やや少ない」というあいまいな表現になるのは、太陽に大きさがあるからである。日の出は太陽の頭が地上に出た時、日没はその頭が見えなくなった時で、計算上は太陽の大きさの分だけ昼間の方が長くなる。また日の出、日没の計算には気温が使われる。気温によって太陽の光の屈折が異なるからである。そんな条件が重なるのであいまいな表現になってしまう。

北極点、南極点を北極、南極と呼ぶこともある。

地球は全体として大きな磁石になっている。この地球の磁石を地球磁場と呼ぶ。地球磁場は地球の中心にN極、S極を有する棒磁石があると考え、その中心付近に仮定している棒磁石のN極、S極を延ばして地球表面と交わった点を北磁軸極、南磁軸極と呼ぶ。この二つの極は地球という大きな磁石を一つの棒磁石と仮定し、そのN極とS極であるから、オーロラはこの理論上の極を中心に出現する。

理論上の磁石の極といっても、方向を知るための磁石・方位磁石（水平コンパス）で北や南の極を目指して進んでも、磁軸極には到達できない。方位磁石が示す磁極は北磁極（あるいは磁北極）と南磁極（あるいは磁南極）である。磁軸極は学問上の一つのモデルの極であるからあまり動かないが、南北両方の磁極は現在でも一年に一〇キロメートル以上の速さで、ともに赤道の方向に移動している。やがては地球の磁場は逆転し、現在の南極が北極に、そして北極が南極になる日がやってくる。このような地球磁場の逆転は珍しいことではなく過去にも何回か繰り返されている。そして「南極」「北極」は南磁極、北磁極を指すこともある。最初に戻るが、このような背景があるので、北極、南極は緯度六六・五度より高緯度の地域（北極圏、南極圏）とすれば誤解が生じない。ただし南極に関しては、南極での人間の諸活動を制御し、南極の自然を守ることを目的に南極条約が結ばれている（第四章5参照）。この条約は南緯六〇度以南に適用されている。

南極の四つの極

南極点、南磁極、南磁軸極に加え、南極には「到達不能極」と呼ばれる第四の極がある。この極は南極大陸特有の極で、大陸のどの海岸線からももっとも離れた地点と定義される。その地点は南緯八二度、東経七五度を中心とする一帯で、標高も四〇〇〇メートルを越え、地球上でもっとも自然条件の厳しい地域である。国際地球観測年の一九五七年には当時のソ連が、「到達不能極基地」を設けて越冬観測をしている。そこで到達不能ではなく、日本語表記では「到達困難極」とすることが奨励されている。

極地、極点、磁極、磁軸極は地図を見れば南極でも北極でも、示されている。では南極と北極、同じ極地でも違いがあるのだろうか。地図からは一目瞭然で、北極の中心は北極海、南極の中心は南極大陸、同じ極地でも北極は海、南極は陸という大きな違いがある。

陸と海の違いは生物学や地理、地形学的にも大きな差を生じるが、最大の違いは寒さ（気候）である。北極海は冬には全面が結氷するが、数メートルから一〇メートルの厚い海氷の下には海水が存在する。海水の氷点はマイナス一・六℃である。北極海には水温が〇℃よりも暖かい海水の巨大な塊が存在するのである。

これに対し南極大陸の上には、平均の厚さが二〇〇〇メートルを超す巨大な氷の塊である南極氷床が存在している。このため南極大陸では気温はマイナス八〇℃を超える。南極氷床は南極大陸に対しては大きな荷重として働き、全地球に対しては大きな冷源として働く。したがって南極の最低気温はマイナス九〇℃に近いのに対し、北極での最低気温は沿岸大陸縁でマイナス七〇℃程度である。

陸と海の違いから南極は北極よりは全体として二〇℃ほど気温が低いのである。

第二章　雪と氷の世界に火を噴く山

1　未知の南の国

人類はいつごろから南極を意識するようになったのだろうか。その起源はギリシャ時代にまでさかのぼる。ギリシャの哲学者たちは物事の対称性を重視していた。陸地とそれを取り囲む海とは球体をなすであろうと考えていたし、北の陸地に対し南にも陸地があるだろうと考えていた。

西暦一五〇年ごろ、エジプトのアレクサンドリアにいた天文学者で、地理学者だったギリシャのプトレマイオスは世界地図を作っている。その地図には世界の最南端に「未知の南の国」が示されている。この南にある未知の国は北にある星座の熊座（Arktos）に向かい合っているという意味で「Anti-arktos」と呼ばれた。英語では南極をアンタークティカ（Antarctica）と言うが、その語源はこのギリシャ語で、フランス語（Antarctique）、ドイツ語（Antarktis）の南極も同じである。

初めて南の氷の浮かぶ海に近づいた人類はポリネシア人だと考えられている。ポリネシアのラトンガ島には、六五〇年ごろ、ウィ・テ・ランギオラという若い酋長とその仲間が、カヌーに乗って南太平洋を航海中に暴風に遭遇して南に流され、氷の浮かぶ海に達したという伝説が残っている。

ニュージーランドは主にイギリスから入植した白人と先住民のマオリ族の国である。マオリ族も八世紀から十世紀ごろポリネシアから渡ってきた民族で、ニュージーランドの多くの博物館にはその渡来の経過とともに、必ず展示されているのが大型カヌーで、これを見た読者も多いだろう。彼らはその大型カヌーに乗り、優れた航海術で三〇〇〇キロメートルの大海原を越えてニュージーランドにやってきた。その同じ民族がより南にまで航海したことは十分に想像できる。

しかし人類の南への本格的な進出は十五世紀になるまでなかった。当時、ヨーロッパ人の活動が活発になり、「地球上の大発見」あるいは「地理学的大発見」と呼ばれる大航海時代を迎えた。コロンブスのアメリカ大陸への到達や、アフリカ南端の喜望峰を回ってインドに到達したバスコ・ダ・ガマなどがその代表例だ。

十四〜十六世紀にイタリアから西ヨーロッパを席巻した文化革新（ルネサンス）により、それまでキリスト教の迫害を受けていた科学が息を吹き返した。この時代から一三〇〇年前に書かれたプトレマイオスの『地理学教程』がラテン語に翻訳され、その知識は多くの船乗りたちにも伝えられた。当時の船乗りの中には「未知の南の国」を知っていた人もいたのではないだろうか。

興味を抱いた人はいても、当時の航海術や船舶の能力では、なかなか「未知の南の国」へのアプローチはできなかった。

2　世界地図屏風

私たち日本人はいつごろから南極を知るようになったのだろうか。中国の歴史書『魏書東夷伝』にある『魏志倭人伝』に記載されているように、三世紀には邪馬台国があり、女王卑弥呼が治めていたということは中国でも理解されており、弥生時代にはすでに大陸からいろいろな情報が入ってきていた。シルクロードで運ばれたと考えられる品々は正倉院にも残っている。

日本に初めて航海してきたヨーロッパ人はポルトガル人だった。一五四三年、暴風に遭遇した船が種子島に漂着し、日本に鉄砲が伝えられた話は有名だ。十五世紀から十六世紀、ヨーロッパ人の活躍はアジアばかりでなく南半球にも及び、マゼラン海峡、ドレーク海峡など南の海域にも進出していた。大西洋からインド洋に抜けた航海に続き、大西洋から太平洋に抜ける航路も発見されていった。大航海時代と呼ばれ、ヨーロッパ人による世界支配が始まった時代である。

日本に初めて来航したのがポルトガルの船であったのには理由がある。当時ヨーロッパではポルトガルとイスパニア（スペイン）とが海洋進出に覇権を競い、紛争が絶えなかった。そこで時のローマ法王の調停をもとに、アフリカ大陸の西およそ六〇〇～七〇〇キロメートル付近に点在するベルデ岬諸島（北緯一六度、西経二四度付近）の西方三七〇レグア（一レグアは約五・六キロメートル。約二〇七〇キロメートル）の点を通る子午線を境界として、西側をスペイン、東側をポルトガルが活動する海域とした東西分割協定が一四九四年に成立し、トルデシリャス条約と呼ばれている。この条約でポルトガルは大西洋からインド洋、さらに太平洋へと進出し、日本にまでたどり着いた。スペインは南アメリカ大陸に進出し、次々と植民地を建設していったが、一五〇〇年にポルトガル人に発見されたブラジルはポルトガル領となった。現在の南米大陸はほとんどがスペイン語圏なのに、ブラジルがポルトガル語なのは、この条約に根拠がある。

フランスでは各国の航海者や探検家たちからもたらされる新しい発見を取り入れて、次々に新しい地図が作られていった。一五六九年にメルカトールは世界地図を出版したが、その地図の南には現在のオーストラリア、ニュージーランド、フェゴ島などを含めた巨大な大陸が描かれ、「テラ・アウストラーリス・ノンドゥム・コングニタ（Terra Australis Non Dum Cognita　未知の南の国）」が描かれている。

オルテリウスも一五七〇年に銅板で印刷された世界地図帳を出した。この地図帳にも「Terra Australis Non Dum Cognita」が示されている。

これらの地図はポルトガル船を通じて日本にも持ち込まれ、地図は屏風に仕立てられ「世界地図屏風」と称せられている。織田信長はポルトガルの宣教師や商人などから、ヨーロッパや日本までの航海の道筋の話を聞くのを好んだというが、当然この世界地図屏風は信長にも献上されたであろう。信長ばかりでなく豊臣秀吉や徳川家康など、戦国大名たちにも贈られた可能性は高い。日本でも十六世紀後半には「未知の南の国」の話は語られていたかもしれない。

十七世紀に入ると、それまで世界の海で活躍していたポルトガルやスペインに代わり、オランダが世界貿易の中心となった。鎖国政策をとっていた幕府も、オランダには長崎の出島にオランダ商館を置くことを許していたので、日本でも外国との貿易は続けられ、西洋文化が入ってきていた。

オランダは「未知の南の国」をオーストラリアと考え、調査を繰り返した。タスマン海やタスマニア島にその名が残るオランダの航海者タスマンはその代表的人物だ。しかしオーストラリアは中緯度にある大陸であることが判明、その後に発見されたニュージーランドも大陸でないことが明らかになり、「未知の南の国」は未知のまま時間が過ぎていった。

3　クックの航海

十八世紀に入り、フランスがアフリカ大陸の南の未知の海域を調査し、多くの島々を発見した。クローゼ諸島、ケルゲレン諸島などインド洋の南にあるフランス名の島々はこのころに発見されている。これらの島々の発見により「未知の南の国」への期待は高まってきていた。

イギリスのジェームス・クックは世界初の「南の大陸」の発見を目指して本国を出港した。

ニュージーランド・クライストチャーチにあるキャプテン・クック像

キャプテン・クックと呼ばれる彼は「レゾリューション」と「アドベンチャー」の二隻の船を駆使し、生涯三回の大航海を実施して南太平洋、オーストラリア、ニュージーランドなどを探検し、イギリスの植民地の基盤作りに貢献した。

一七七二年十一月末にアフリカ南端の喜望峰を回って南東に船を進めたクック

の船隊は、一七七三年一月十七日十一時十五分、東経三九度線で、南緯六六度三〇分の南極圏を突破し、人類として初めて南極圏内へと進入した。その地点はのちの日本の昭和基地のほぼ真北に当たる。クックはさらに東へと進路をとり航海を続けた。

第二回目の航海では一七七三年の南半球の冬の間、クックはタヒチやニュージーランドを訪れている。同年十二月、クックの船団は再び南下し、西経一五〇度から一四〇度の南極圏を航海し、一七七四年一月三十日、西経一〇六度五四分、南緯七一度一〇分の地点に達している。

この地点は現在アムンゼン海と呼ばれる海域で、初めて南緯七〇度線を突破して、彼らの航海の最南点となった。クックはその後も東への航海を続け、南大西洋でサウスジョージア島やサウスサンドウィッチ諸島を発見して帰国した。

クック隊の高緯度で地球を一周した、つまりすべての子午線を横切った実りある航海は、人類最初の南極大陸の周航だった。クックは「南の大陸」が存在するにしても、それは彼らの航海した氷海の南側で、南緯六〇度よりも高緯度の地域であり、当時の人々が想像し、期待していたような、多くの富を生産する大きな大陸ではないと推定した。さらにクックは大きな卓状型氷山は陸地から流れ出たものと推測し、高緯度に陸地が存在することも確信したようだ。しかしその土地は雪と氷に覆われた不毛の土地であろうとも考えていた。

一七七五年、第二次航海から帰国したクックは四十六歳で、海の仕事から引退を考えており、病院長の職を用意されていた。しかし彼は、自分自身が国に貢献できる仕事は探検であることを悟った。一七七六年七月十二日、クックは第三次航海に出発した。大西洋を南下、ケープタウンからインド洋に入り、さらに南極海ですでにフランスによって発見されていたケルゲレン諸島に寄港した。一七七六年十二月三十日にクックの船隊はケルゲレン諸島を出港し、これが彼にとっては最後の南極となった。その後オーストラリアのホバートやニュージーランドにも寄港し、調査をしている。

彼らは一七七八年一月十八日、ハワイ諸島を発見した。しかしクックは北極海での北西航路を発見して、大西洋から太平洋への航路を開くことを考えていた。その後はハワイからアメリカ大陸西岸に沿って北上し、カナダからアラスカを経由しベーリング海峡を北極圏まで達したが、そこで引き返してハワイに戻った。一七七八年十一月、ハワイに戻ったクックは島々を調査して、翌年一月に停泊地と定めたハワイ島の西海岸ケアラケクア湾に投錨した。友好的だった現地の先住民との間に争いが生じ、クックは海岸で交渉中に先住民に殺害され、その生涯を閉じた。一七八九年二月十四日のことだった。

「南の大陸」発見はクックの航海からさらに約半世紀後になる。

4　南極大陸の発見

十九世紀の初めの四十年間は、イギリスとアメリカの捕鯨船が南極海で活躍し、島々の調査もして南極周辺の地理的発見に貢献していた。現在は日本の南極捕鯨は欧米諸国の強い反対にあっているが、当時は彼らがクジラやアザラシを捕りつくすほどで、ミナミゾウアザラシは絶滅の危機に瀕していた。鯨油やアザラシの脂は彼らにとっては重要なエネルギー資源だった。

一八二〇年一月三十日、イギリスのアザラシ狩猟船はブランスフィールドを指揮官に、発見されたばかりの南極半島北側に位置するサウスシェトランド諸島を測量していた。船は同諸島の南東側の海域を南に進み、南緯六三度三〇分に達し、南の方向に陸地を望見して「トリニティランド」と命名した。イギリスはこの発見が「南極大陸の最初の発見である」と主張している。しかしそれは現在の「トリニティ島」であろうとの推測も出されている。

アメリカのアザラシ狩猟船はサウスシェトランド諸島のデセプション島を狩猟基地として活動していた。ここは当時ヤンキーハーバーと呼ばれ、捕鯨船の休養に適した天然の良港だった。

弱冠二十一歳の船長ナサニエル・パーマーのヒーロー号は、一八二〇年十一月十七日、デセプション島の南の海域でアザラシを探して航海していた。そこで氷の張りつめた小さな海峡を発見したが、その海峡は現在のオーリアンズ海峡で、その片方の陸地は大陸である。アメリカはこの事実をもとに「南の大陸の最初の発見」と主張している。

またアメリカのデービスが指揮するシシリイ号の一八二一年二月七日の航海日誌には「ボートを降ろし南東方向にある大きな陸地へアザラシを探しに行かせた。この陸地は大陸であろう」と記されている。これが南極大陸への初上陸と認められており、その地点は現在のヒューズ湾と推定されている。

一七七九年のジェームス・クックの死後、ヨーロッパの列強各国は「南の大陸発見」への興味を抱き続けていた。そんな中でロシアは太平洋や南の国へは関心を示さず、シベリア開発に力を注いでいた。しかし一八〇一年に即位した皇帝アレクサンダー一世は、北極や南極への調査船の派遣を決断した。

一八一二〜二二年、ロシアはベリングスハウゼンを指揮官として、ボストークとミールヌィの二隻の船を「南の国」の調査に派遣した。ロシアの船隊はクックの航海を上回る高緯度で「南の大陸」を周航した。一八二一年一月二十一日に陸地を発見してピーター一世島と名づけたが、この島は日本が南極観測を始める時、基地の候補地の一つに挙げられたが、絶海の孤島なので検討する余地もなかった。

ベリングスハウゼン隊はさらに一月二十八日にも陸地を発見し、皇帝の名をとりアレクサンダーランドと命名した。しかしその後の調査で、アレクサンダーランドは大陸とは氷でつながってはいるが、陸続きではなく島であることが判明し、現在はアレクサンダー島と呼ばれている。ロシアはこの発見を根拠に「南の大陸の最初の発見」と主張している。

「未知の南の国」から始まり数百年にわたって探し求められてきた「未知の南の大陸」は、わずか一年足らずの間に三か国の船によって発見された。どの発見が本当に最初の発見になるのかは、新しい資料でも発見されない限り、結論は出ないだろう。

5　南極への初の科学調査

一八三一年、北磁極が発見されると科学者の関心は南磁極へ向けられるようになり、フランス、アメリカ、イギリスは南極の本格的な調査をすべく探検隊を送り出した。

フランスの指揮官デュモン・デュルビルは南磁極の発見に最大の関心を寄せていた。「アストロラベ」と「ゼレエ」の二隻の船で一八三八年五月から翌年十月まで、インド洋から太平洋の島々を調査した後、一八三九年十月七日にスマトラ島に到着し、そこで準備を整えてオーストラリアのホバートを経て南極へと向かった。

一八四〇年一月、太平洋の南、東経一二〇度から一八〇度の未調査海域を、方位磁石（水平コンパス）の針が真南を指す方向に進路をとって南下を続けていた。方位磁石の針はどんどん下を向くようになるとともに、悪天候の中、船隊は南極圏を越えたことを確認、一月十九日には天候が回復したので、甲板で乗組員慰労のパーティが開かれた。その時前方に陸影が視認され、そして翌二十日には陸地を確認できた。

翌二十一日、船は氷の壁に挟まれた水路を進み、デュルビルは船体が氷に押しつぶされないように注意しながら上陸地点を探した。そしてついにボートを降ろし、狭い水路を通って氷と岩盤の海岸に上陸することに成功した。その地点は南緯六六度三〇分、東経一四〇度で、その南には見渡す限りの雪原が広がっていた。

デュルビルは上陸した地点をジオロジー岬と命名し、付近一帯を彼の妻の名をとりアデリーランドと名づけてフランスの領土とすると宣言した。また海岸に群れを成していた鳥をアデリーと命名した。現在のアデリーペンギンである。

天候の悪化により、彼らは一月二十九日にはその場を離れて海氷減の外側の海域に戻った。南磁極の到達には成功しなかったが、彼らはその後も付近の海域を調査し、ホバート、ニュージーランド、ニューギニアにも寄港して本国に戻った。

アメリカは十九世紀になって多くの捕鯨船やアザラシ狩猟船が南極で操業している事実から、南極海の科学的調査の必要性を感じていた。一八三六年には南極調査の具体的な計画立案が始まり、海軍のチャールス・ウイルクスを指揮官に六隻の船が用意された。六隻の船のうち指揮官の乗る船は七八〇トン、次に大きい船は六五〇トンだったが、一〇〇トン前後のニューヨーク港のパイロットボートも含まれていた。

探検隊は一八三八年八月十八日、南極大陸の調査のためにアメリカ東海岸を出航した。一行はドレーク海峡から太平洋に入り、チリのバルパライソからオーストラリアのシドニーを経由して南極海に入った。一八三九年から翌年にかけ、太平洋側の西経一〇五度から、東経九七度の海域を南極大陸に沿うように調査し、南極の西半球側から東半球側にかけて貴重な情報を得ている。

一八三八年夏、イギリスでは地球磁場の調査の必要性が関係者の間で議論されていた。そして議会はすでに船長としても実績のあるジェームス・クラーク・ロスをその探検隊の指揮官に指名していた。ジェームス・ロスは伯父のジョン・ロス卿の北西航路の探検隊に加わり、一八二九年から一八三三年まで北極の探検に従事しており、一八三一年五月三十一日に北磁極への到達に成功していた。ジェームス・ロスは極地探検の十分な経験を有していたのだ。

ロスは三七〇トンの「エレバス」と三四〇トンの「テラー」の二隻で船隊を組み、南磁極の発見に出発した。ロスの率いるイギリスの船隊はフランス隊より二年遅れて故国を出航し、ホバートを経由して南極海へと向かった。

一八四一年元旦、彼らは南極圏を通過して南緯七一度、東経一七〇度で陸地を視認、アデア岬と名づけた。海岸線はこの付近からほぼ直角に曲がって南の方向へと延び、磁石の南は進路の南西の方向、つまり陸の方向を指すようになった。船隊は浮氷群と悪天候に悩まされながら航海を続け、浮氷群の間に生じている狭い水路を探しながら、ゆっくりと南へと向かっていた。

6　活火山の発見

一八四一年一月十日、彼らは再び氷のない海水面に出た。東経一七四度線に沿って南へと見渡す限り大海原が広がり、西側の陸地は延々と続いていた。南へと航海を続けると方位磁石の南は西から北西へと変わり、南磁極はおよそ八〇〇キロメートルも離れた陸上にあることが確実になった。南磁極への船での到達は不可能にはなったが、一行はさらに南へと航海を続けた。ロス隊の発見した大海原は、現在ロス海と呼ばれている。

ロス隊は彼らの命名によって現在ではポゼション島やフランクリン島と呼ばれる島々に上

陸を果たし、イギリスの領土であることを宣言している。一八四一年一月二十七日、フランクリン島からはるか南に陸影を視認した。

船隊は南下を続け、翌二十八日には山頂から灼熱の溶岩を噴出させている火山を発見したのである。人類が初めて南極で見た火山噴火である。

ロス隊は現在はロス島と命名されているエレバス山のある島の東の方角に、水平に延びる白い線を発見した。近づいてみるとその線は海面からの高さが四五メートルから六〇メートルもある氷崖だった。この氷の壁は東へと、延々と三二〇キロメートルも続いていた。

これも後日の調査で分かったことだが、氷床と呼ばれる大陸を覆う氷が内陸から海岸に流れ出すと、そこの海岸地形によってはすぐに外洋へ流れ出ず、海に浮いて留まっている。湾型の地形を埋め尽くすこの大陸から流れ出た氷は、一見陸上の氷と見間違うほどだが、氷の下は海水で、その上に浮かぶ氷は棚氷と呼ばれている。

ロス隊が発見した白い帯は、この棚氷の淵だった。棚氷が海に押し出されてくると潮汐の干満によってひびが入り、やがて割れて流れ出る。流れ出た氷塊はその形状から卓状型氷山と呼ばれる。割れ残った壁面が氷崖として白い筋に見えたのだ。この氷崖を形成する棚氷はのちにロス棚氷と名づけられた。その面積はフランスの国土とほぼ同じ五〇万平方キロメートルの広さがある。

一行は氷崖に沿って三二〇キロメートルに及ぶ航海を続けた後、二月中旬に南極を離れてオーストラリアに戻った。そこで南半球の冬を過ごした後、ロス隊は再び南極を目指して一八四一年十一月二十三日にホバートを出航し、彼らの二回目の南極航海に入った。二隻の船はロス海から南極半島沿いに北上し、その先端を回って、いくつかの島々を発見している。

コラム1　発見された「エレバス」の船体

一八四三年にジェームス・ロスの南極探検隊が帰国すると、エレバスとテラーの二隻の船は海軍少将で北極探検やカナダの開発に実績のあったジョン・フランクリンに託された。フランクリンは一二八名の隊員と三年分の食料を積んで、一八四五年五月に北西航路を目指してイギリスを出航した。北西航路はヨーロッパから北米大陸の北極海沿いに西に向かいベーリング海峡へ抜ける、アジアへの最短コースとして、多くの船乗りたちがその開発を試み探検を繰り返していた。二隻の船は同年七月、カナダの北東のバフィン湾から西方のランカスター海峡に向かっているのを捕鯨船に目撃されたのを最後に消息が途絶えた。

フランクリン隊の捜索のため十年間に四〇隊もの探検隊が、北米大陸北極海沿岸にあるカナダ北極諸島の広大な海域を捜索した。その結果、確実な遺物や置手紙が発見された。一行はキングウイリアム島近くでビセット（船が氷に囲まれて動けない状態）され、二冬を過ごしたが、一八四七年六月にフランクリンが死亡し、その後はテラーの船長が指揮を執り、船を放棄してカナダ本土をめざしたが、結局全員が死亡するという悲劇の結末を迎えた。

二十一世紀に入りカナダ政府の肝いりで、最新の技術を駆使して、消息を絶った二隻の船の捜索を始めた。そして二〇一四年九月、ついにビクトリア海峡の海底に眠るエレバスの船体を発見した。三次元で映し出された船体の形状、大きさから、発見された船体はテラーではなく、エレバスと断定された。エレバスは現在もその姿を留め北極の海底に鎮座している。

第三章　南極の姿とエレバス山への登頂

1　スコット隊の調査

十九世紀、多くの船乗りや探検船の活躍で「未知の南の国」もおぼろげながら、その姿を現し始めていた。ロス隊の発見から約半世紀後の一八九五年一月、ノルウェーの探検船がロス海を訪れた。彼らの目的は付近の探検と同時にクジラを探すことだった。一行は一月二十四日にアデア岬付近に上陸したが、その主要メンバーの一人にカール・ボルヒグレヴィンクがいた。彼はのちにイギリス政府の援助で観測隊を組織し、一八九九年三月から一九〇〇年一月まで、アデア岬のロバートソン湾に二棟の小屋を建てて越冬し、付近一帯の調査を行った。これが南極大陸での最初の越冬である。この時の調査には犬ぞりが使われたが、その犬たちは南極大陸に外部から持ち込まれた最初の動物だった。

二十世紀に入り、イギリスは海軍士官のロバート・ファルコン・スコットを隊長に、一九〇一～〇四年に南極探検隊を派遣した。スコット隊はディスカバリー号で南極に向かい、ロス隊の発見したエレバス山のあるロス島を目指した。ロス島とその西側の陸地の間はマクマード入り江と呼ばれていたが、スコット隊の越冬中の調査で、エレバス山のある側の陸地は島であることが判明し、海峡であることが明らかになった。ただしその海域は現在でもマクマードサウンド（入り江）と呼ばれている。その海域が地球上で航海のできる最南端である。

スコットは出発前、地震学者のジョン・ミルンに面会し、地震観測について教えを乞うている。ミルンは東京帝国大学の工学系の教師として一八六七年にイギリスから来日し、十九年間にわたり教鞭をとり、日本人女性と結婚していた。一八八〇年二月二十二日に横浜で地震が起こり、当時の近代的な建築物であったレンガ造りの建物が多数崩壊した。現在では、その地震のマグニチュードは五・五〜六程度と推定されているが、文明開化の中心地横浜で耐震性のないレンガ造りの建物の大部分が崩壊してしまったことは、地震がほとんど起こらない国から来た人々にとっては大きな衝撃だった。

ニュージーランド・クライストチャーチにあるキャプテン・クック像

この地震に驚いた外国人教師たちはさっそく地震の研究会を開き、勉強を始めた。その勉強会には外国人教師たちばかりでなく、日本人も参加して世界最初の地震学会へと発展した。
ミルンはその会の中心的人物で、地震計の開発に力を注ぎ、イギリスに帰国した後は、世界中に点在するイギリスの植民地に地震計を設置することを考えて実行していった。スコットがそのミルンに教えを乞うたことは、彼の自然科学への理解を示す一例で、イギリスの探検隊が単なる探検というより、南極を科学的に調べることに重点を置いていた一つの証拠と言える。

ただスコット隊が地震観測に関してどれだけの成果を得たかははっきりしない。

スコットは越冬地点を決めるために船をロス島の東側、現在のクロージア岬沖まで進め、そこでコウテイペンギンのルッカリーを発見したり、そりによる調査隊二チームを出したりした。調査用に気球を持参しており、一九〇二年二月四日、海氷原の上で気球を膨らませて自身が搭乗し、付近一帯を視察している。気球を一回膨らませるのに一九本のガスボンベが必要だったが、船の能力から三回分しか持参できなかった。この気球からの俯瞰は、南極大陸を初めて空から観察したものである。

スコット隊は最終的にはエレバス山から南に延びる半島の先端に小屋を建て、船とともに越冬した。今日ではその場所はハット岬、半島はハット岬半島と呼ばれている。

二組のそりによる調査隊は三月十一日には越冬基地のハット岬に帰還したが、一人の隊員が調査中にブリザード（雪嵐）の中、急斜面で滑落して命を落としている。その若い乗組員のジョージ・ビンスの遺体は発見できず、スコット隊は越冬地のハット岬半島の先端に追悼の十字架を立てた。それは現在も南極の史跡として保存されている。

この事故によって、スコット隊は越冬を始める前にブリザードの恐ろしさを改めて認識させられることとなった。どんなに近いところへの移動でも、ブリザード中はもちろん平時でも侮ってはいけない、凍傷を防ぐため常に互いの顔に白い部分（凍傷の初期症状）がないかを注意し合うなどの教訓を得て、越冬を開始した。

スコット隊の越冬によって、エレバス山も年間を通じて人の目に触れられるようになった。ただし越冬小屋やディスカバリー号からは背後に丘があるため、山容を見ることはできなかった。それでも周辺を少し歩いて丘の上に出れば、エレバス山の姿は視認できた。越冬隊は一九〇二年四月二十三日から四か月間の極夜を迎えた。晴れた日には夜でもエレバスの山体が見える。その山頂はぼうっと赤く見えることがたびたびあったと報告されている。推測だが、このころは山頂火口内に溶岩湖が形成されており、その溶岩の赤さが火口周辺や上空の雲に反射して山頂付近を赤く染めていたのだろう。火映現象である。

2　大陸の姿

スコット隊はできれば南極点に到達したいとも考えて、内陸旅行を計画していた。越冬中も犬ぞり隊を南へと派遣して、食料デポ（補給拠点）を作ったり、付近の調査をしたりしている。いろいろな障害を乗り越え、一九〇二年十一月二日、スコットと彼の生涯のパートナーとなった医師のウィルソン、そして南極大陸横断で後世に名を残すことになるシャクルトンの三名で南極点を目指して出発した。彼らは現在のロス棚氷上を南極大陸の沿岸に沿うように南へと進んだ。

スコットはこの旅行に十分な準備をした自信があったようだが、旅程は予定通りには進まなかった。まずそりを引く犬が弱りだした。餌として魚の干物を与えていたが、壊血病（ビタミンC欠乏症）の兆候が表れ、犬たちの健康は悪化していった。十二月九日、一頭の犬が死に、スコットはその死んだ犬をほかの犬たちに餌として与えると、犬たちは喜んで食べて元気を回復した。しかし十二月二十日には、一九頭だった犬は一四頭に減っていた。

ゴーグルをしていたにもかかわらず、三人とも雪目に悩まされていた。そのうちにウィルソンはシャクルトンに壊血病の兆候が表れたことに気が付き、スコットに告げた。壊血病は大航海時代に多くの船員を死に至らしめ、もっとも怖れられた病気だ。長期間にわたり保存食だけで、ビタミンC不足になることが原因だった。彼らは食料の心配も始め、ウィルソンとシャクルトンは悪夢にうなされるようになった。十二月三十日、一行は南緯八二度一六分に達したが、西側に見える山々（南極横断山地）はまだ南へと延びていたし、雪原も同じように広がっていた。南極点に近づいていることは確かだったが、彼らの体力や食料、燃料は限界に達していた。

スコットは引き返すことを決断したが、その帰路の旅も苦しみの連続だった。シャクルトンの体調はさらに悪化し、スコット、ウィルソンも壊血病になっていた。弱った犬を殺し、元気な犬に与え続けたが、ついには生き残った最後の二頭も殺さざるを得なかった。満身創痍の三名は一九〇三年二月三日、ようやく越冬基地のディスカバリー号に戻ることができた。

スコットらが不在の三か月の間、一九〇二～〇三年の南極の夏、基地周辺ではいろいろな調査が行われていた。アーミテージらは大陸に見える現在の南極横断山地の調査のため、一九〇二年十一月二十九日に出発し、凍っているマクマード入江を横断して南極大陸に上陸した。上陸地点から標高一五二〇メートルの丘陵を超えると、のちにフェラー氷河と呼ばれるようになった氷河が目に飛び込んできた。内陸に行くにはこの氷河沿いに行くのが最適と考えられたが、氷河にどのようにアプローチするか、また氷河の上を安全に歩けるかなどの問題が横たわっていた。

十二月十八日、彼らは注意深くフェラー氷河を登り始めた。一九〇三年元旦、一行は標高が二二九〇メートルの地点まで達した。そして四日後に彼らはついに南極氷冠（南極氷床）の末端、標高二七四〇メートルの地点に到達したのだ。付近は南北に連なる丘陵が断続的に続き、現在は南極横断山地と呼ばれているが、南極大陸の内陸の姿を知ることができた人類最初の偉業だった。彼らは付近の調査を予定していたが、時間がなく帰路の途中で岩石を採集したり、写真を撮ったり、登攀ルートの略図を作成したりしながら一月十九日にディスカバリー号に戻った。

南極氷冠は現在では南極氷床と呼ばれている。氷床は「五万平方キロメートル以上の面積を覆う氷塊」と定義され、地球上には南極氷床とグリーンランド氷床の二つが存在している。

一月二十三日夜間（とはいえ、付近は明るい）、水兵の一人が遠方に煙を見た。帰国を支援するモーニング号が来たのだ。次の日、越冬していた人たちは一団となって海氷の上をモーニング号へと急いだ。そこで世の中での出来事、文明社会のニュースを一年ぶりに聞くことができ、ディスカバリー号の孤独感は解消された。そんな騒ぎの中、スコット一行も戻ってきた。

マクマード入り江の海氷は前年の同じ時期に比べてあまり開かず、二隻の船の距離は一三キロメートルもあった。スコットはモーニング号の船長コルベックと相談し、ディスカバリー号は南極で次の冬を迎えることを決断、隊員を四五名から三七名に減らした。壊血病に苦しむシャクルトンはモーニング号で帰国することになった。モーニング号は三月二日、帰国の途についたが、この時でもディスカバリー号との距離はまだ数キロもあった。

越冬隊は前年と同じように観測や調査を続けた。九月にウィルソンら六名がクロージア岬ヘコウテイペンギンの卵の採集の旅に出かけたが、抱卵期は終わり、すでにヒナが生まれていた。

スコットは目標をアーミテージのルートに沿ってフェラー氷河を登り、南極氷冠へ達して付近一帯を調査することに定めて、十月二十六日に出発した。そして十一月十三日には氷冠末端に到着した。そこは常に強風が吹き、気温はマイナス四〇℃を下回る世界だった。彼らは内陸氷原を三六〇キロメートルほど進んだが、風と雪で形成される雪面の凹凸（サスツルギ）のほかは、山はもちろん、小さな丘すらないことが分かった。彼らは十一月二十二日まで前進を続け、そこから戻ることにした。復路のルートを往路より北側にとり、南極横断山地を越えた。ところがそこで内陸

ドライバレーのライト谷、建物はニュージーランドのバシダ基地

の氷河は消えて、フェラー氷河の北側に広大な無雪地帯を発見した。この無雪地帯はテイラーバレーと呼ばれた。そこは岩原が広がり、南側と北側は数百メートルの岩壁にさえぎられた荒涼とした無雪地帯だ。その後の調査でこの地域一帯は三本の大きな谷が東西に走り、総面積が四〇〇〇平方キロメートルの南極最大の無雪地帯を形成しており、この地域一帯が現在はドライバレーと呼ばれている。スコットはその殺伐とした景観からその無雪地帯を「死の谷」と呼んだ。

一行は一九〇三年のクリスマスイブにディスカバリー号に戻ったが、大陸の端から見たマクマード入り江の氷の状況はあまりよくなく、ディスカバリー号から北の開水面までは三二キロメートルもあった。ディスカバリー号がどのようにして開水面に出られるかは、見通しの立たない深刻な問題だった。

しかし、一九〇四年一月五日、二隻の船、モーニング号とテラノバ号がマクマード入り江に到着した。テラノバ号はイギリス政府がスコット隊救出に向けて派遣した強力な船だった。彼らの話では、もし六週間以内にディスカバリー号が海氷原の外に出られなければ、船を放棄して、全員を収容して帰国する予定とのことだった。

一月十五日から越冬隊のロイズらは、海氷を爆破してディスカバリー号と開水面の間に水路をつくる努力を続けていた。氷は徐々に割れてきてはいたが、ディスカバリー号と二隻の船の間にはまだ一三キロメートル以上の海氷原が広がっていた。二月十日、スコットはついにディスカバリー号を放棄する決断をして準備を始めた。二月十四日、ディスカバリー号では船を放棄するためのささやかながら最後の晩餐が開かれていた。その晩餐は突然の叫び声で破られた。自然に開いた水路を二隻の船がディスカバリー号の近くまで進んできていたのだ。

一九〇四年二月十六日、ディスカバリー号の前方の海氷に三〇トンの爆薬を仕掛け、スコットが発破のキィを押した。割れた海氷の間を通りディスカバリー号は二隻の船と合流し、二年以上にわたる海氷から解放されて帰国の途についた。

スコット隊の二冬にわたる越冬で、現在のロス棚氷、南極横断山地、そして南ビクトリアランドのドライバレーなど、南極大陸の姿がそのベールをはがされ始めた。

3　エレバス山頂へ

スコット、ウィルソンとともに南極点を目指したアーネスト・シャクルトンは、壊血病のために越冬一年で、救援に来たモーニング号で帰国した。故国に戻った彼は再び南極点を目指す探検隊を組織すべく、国内で活動していた。

ロイズ岬のシャクルトン小屋

新たに南極探検船として準備されたニムロッド号で一九〇七年八月七日、イギリスを出発して十一月二十三日にニュージーランド南島のリトルトン港に到着。約一か月間の準備を経て一九〇八年元旦、多くの見送りを受けて南極へと出航した。そして一月十四日、船は最初の氷山に遭遇した。南極点を目指すために、シャクルトンはマクマード入り江の奥に基地を設けたかった。しかし、入り江内の海氷は固く、彼らはスコット隊のハットポイント岬の小屋から三〇キロメートル北のロイズ岬に小屋を建てて越冬基地とした。

ロイズ岬はエレバス山の西側山麓に位置する。天気さえよければ、小屋を出てすぐにその容姿を見ることができる、ハットポイント岬よりはるかによい場所だった。相変わらず青い空へと白煙が上がっていた。この山頂への登頂もシャクルトン隊の目的の一つだった。

越冬を始めてすぐの三月六〜八日、オーストラリアから探検隊に参加したエッヂワース・デビッドは、同じくオーストラリアから参加したダグラス・モーソンら五名を率いて三七九四メートルのエレバス山頂へと向かい、登頂に成功した。山頂の火口内はほとんどガスに覆われて見えなかったが、爆発音は聞こえた。モーソンは火口の深さを二七〇メートル、直径を八〇〇メートルと測定している。

海抜〇メートルから、いきなり四〇〇〇メートル近い高所への登頂で力を使い果たした彼らは、急いで帰路についた。危険な急斜面を滑るようにして、四時間で一五〇〇メートルをくだり、ロイズ岬の小屋に戻った。南極にある、標高が富士山とほぼ同じ火山の火口縁に、初めて人間の足跡が印された。

この登山隊のリーダーだったデビッドはシドニー大学地質学教室の教授で、一九一一年に日本の白瀬矗(のぶ)が率いる南極探検隊がシドニーで半年間過ごした時、親身になって世話をしてくれた人物だ。海岸の公園に小屋掛けして過ごしていた白瀬一行を白眼視していたシドニー市民に対し、彼は南極探検の大切さを説き、白瀬隊の勇気をたたえた。その結果、白瀬一行はシドニー市民に厚遇されるようになったのだ。再び南極に向かう時、白瀬は感謝の意を込めてデビット教授に日本刀一振りを贈った。その後、二十世紀の終わりごろ、その刀はデビッド教授の親族により日本に里帰りし、白瀬の出身地である秋田県にかほ市にある「白瀬南極探検隊記念館」に届けられ、展示された。現在はシドニーの博物館に保存されている。

4 南磁極への到達

シャクルトン隊の目的の一つは、陸上にあるらしい「磁石が南を指す点（南磁極）」への到達だった。エレバス山登頂隊のリーダーだったデビットに、モーソン、イギリス海軍の外科医・アリスター・マッケイの三名が南磁極を目指した。当時の年齢はデビット五十歳、マッケイ三十歳、モーソン二十六歳だった。

シャクルトン隊は調査旅行のために南極仕様のモーター付き車両を用意していた。デビット一行もまずこの車を使って出発したが、柔らかい雪には弱く、すぐにオーバーヒートして使い物にならなくなった。彼らは隊が持っているポニーも犬ぞりも使わず、三九〇キログラムの荷物を載せたそりを人力で引いて行進せざるを得なかった。一行は最終的には一九〇八年九月二十六日にロイズ岬の越冬基地を出発、マクマード入り江を横断して大陸の沿岸に沿って海氷原を北上していった。

出発からおよそ四〇日後、彼らは現在のドライガルスキィ氷河舌付近に達した。網の目のように存在する数多くのクレバスに悪戦苦闘しながら、彼らは大陸へと氷河を登り、内陸氷原へと達した時には、十二月も終わりに近くなっていた。彼らが南極横断山地を越えると、そこは強風が吹き荒れる地だった。

強烈な日射と寒さが彼らを苦しめ、食料も燃料も少なくなっていった。全員が身体に異常をきたしていたが、彼らは南磁極が近いことに勇気を得て前進を続け、一九〇九年一月十五日にはついに南磁極を目前にキャンプをした。

翌十六日、彼らはキャンプ地を出発した。方位磁石（水平コンパス）の針は動き回り、進路を決めるにはもう役に立たなくなっていた。彼らは三脚を立て経緯儀（目標物の高度と方位を図る道具）で測定し、最終的にモーソンが計算した南磁極の平均的位置、南緯七二度二五分、東経一五五度一六分まで進んだ。その地点でモーソンはレリーズ（シャッターを遠隔操作する器具）を延ばして、三人が写るようカメラをセットした。十五時三十分、彼らはユニオンジャックを掲げた。イギリスは北磁極に続き、南磁極でも初到達の栄誉に輝くことになったのだ。

日本で使っている方位磁石を南極にそのまま持って行っても役に立たない。南磁極では磁石の伏角（水平面からのずれの角度）が九〇度であり、付近一帯の伏角が大きいから、磁針の南は垂れ下がって下の面に接触してしまうからだ。磁針の北側に針金を巻き付けて重りとし、バランスをとることによってようやく方位磁石として使えるようになる。しかし、その方位磁石も南磁極付近では役に立たず、磁針はクルクルと動き回った後に停止するのだが、その方向は測定の度に異なり、一定方向にはならない。

この方位磁石が一定方向を示さない範囲は数キロメートル以内だ。磁極は伏角の測定から確かめられるが、その誤差は一キロメートルぐらいはある。

彼らは二月初旬に越冬隊を迎えに来るニムロッド号に収容してもらうことを考えていた。そのため一月十七日から二月一日まで、一日平均二七キロメートルの行進を続けた。二月五日、彼らはドライガルスキィ氷河舌付近に設置しておいたデポ（補給拠点）に到着した。しかし、ニムロッド号の船影は見えなかった。彼らは越冬基地を目指すか、この地点でニムロッド号を待つか相談を始めた。その時、モーソンは二発の微かな銃声を聞いてテントを飛び出した。デビッド、マッケイも続いた。四〇〇メートル先にニムロッド号が近づいていたのだ。

彼らはニムロッド号に収容され、四か月ぶりに体を洗い、おいしい夕食を食べ、温かいココアとジンジャークッキーでくつろぐことができた。夜は氷や雪の上の寝床でなく、温かい船室で、柔らかい毛布と枕のベッドに体を横たえることができたのだ。

彼らは二〇二八キロメートルを犬ぞりも馬そりも使わず、徒歩で踏破した。南磁極への道がようやく開かれたのである。

その後モーソンはオーストラリア隊を率いて、一九一一～一三年に西側から南磁極への到達を試みたが成功しなかった。しかし、南磁極が西に動いていることを発見した。

5　化石と石炭の発見

シャクルトンの最大の目的は南極点への到達だった。シャクルトン、フランク・ワイルド、エリック・マーシャル、ジャメソン・アダムスの四名は、一九〇二年十月二十九日、四頭の満州馬（ポニー）とともにロイズ岬の基地から南極点を目指して出発した。その日は雲一つない快晴で、シャクルトンはすべてが幸先よいスタートが切れたと喜んでいる。

しかし彼らへの試練は間もなく訪れた。突然一頭のポニーが暴れだし、アダムスがけがをした。柔らかい雪面でポニーが足をとられることが多く、行進は苦労の連続だった。さらに彼らを悩ませたのは、クレバスだった。

陽光の強い反射やホワイトアウトなどで、柔らかい雪面の変化も読みとれず、彼らはクレバスに落下することもしばしばだった。クレバスは底なしに見え、中からは何の音も聞こえない静寂の世界で、不気味でさえあるものが数多く存在していた。

十一月五日、クレバスへ荷物を落とし、彼らは三週間分の食料を失ってしまった。出発して一週間足らずで、シャクルトンの旅行中の食料計画には大きな狂いが生じてきた。十一月二十一日、彼らはもっとも弱っていたポニーを射殺し、新鮮な食料とするとともに、帰路に備えてその肉で補給地点を設けた。

十一月二十六日、それでも彼らは東経一六八度、南緯八二度一八・五分に達し、スコット隊の最南点を超えた。その夜、彼らはそれぞれスプーン二杯のキュラソーで、それを祝った。しかしアデア岬からの山脈は、まだ南南東の方向へと続いていた。その後も食料にするために二頭のポニーを射殺し、一頭のポニーと人力でそりを引いて前進を続けた。

十二月二日、南緯八三度二三分、東経一七一度三〇分に達したが、山脈（南極横断山地）はまだ続いており、この山脈を越えなければ南極点への到達は不可能と判断された。三日、山脈の間に隙間を発見し、偵察の結果大きな氷河であることが分かった。その後、この氷河は探検隊の支援者の名をとりベアドモア氷河と命名されている。一行はロス棚氷から南極大陸内を目指し、四日からベアドモア氷河を登り始めた。

十二月七日、最後に残ったポニーが柔らかい雪を踏み抜き、クレバスに転落してしまった。クレバスは底なしで、ポニーの姿は確認できなかった。彼らは輸送手段とともに、重要な食料も失ったことになる。その日からそりはすべて人力で引かざるを得なくなり、馬の餌だったトウモロコシも食べ始めた。

十日、モレーンの近くで花崗岩を採取している時、化石らしい岩石を発見した。これは後日、針葉樹の化石と判明した。さらに十七日、ようやく氷河を登りつめて、源流域の標高二〇三〇メートルの地点でキャンプしていた一行は、付近の露出した砂岩層の中に一〇センチメートルから三メートルの厚さの石炭の層が六枚も露出しているのを発見した。この化石と石炭の発見は、南極大陸の深部でも氷床がなく、植物が繁茂する温暖な気候の時代があったことを示す重要な試料であり、大発見だった。

クリスマスの日、一行はまだ南極点の手前四〇〇キロメートルの地点にいた。標高は二九〇〇メートル、毎日強い風が吹き、地吹雪に苦しめられていた。ささやかながらも、いつもよりは豪華な夕食でクリスマスを祝ったが、シャクルトンは旅が限界近づきつつあることを認めざるを得なかった。彼らの体力は消耗しており、食料も乏しくなってきて、ビスケットの残りは三週間分ぐらいしかなかった。

一九〇九年一月九日、南緯八八度二三分、東経一六二度の地点を最終地点として、杭を打ち、国旗を掲げた。極点からわずか一八〇キロメートルの地点だった。最後の大仕事は無事に帰ることだ。往路の向かい風は、復路では追い風となり一日三〇キロ以上の速さで進むことができた。時にはそりに帆を張り、四七キロメートルも進んだこともあった。ベアドモア氷河も無事通過した一月二十六日、彼らに残されていた食料は紅茶とココアに少量のポニー用のトウモロコシだけだった。その日彼らは二六キロメートル進み、小さなデポに到着した。

少量の食料で命をつなぎながら二月十三日は、最初に射殺して残しておいたポニーの肉のあるデポに到着したが、彼らの体力は限界に達していて、テントを張るのにも苦労する状態になっていた。

二月二十七日、シャクルトンは隊を二つに分け、弱ったマーシャルとアダムスにはゆっくりと行進させ、自分はワイルドとともに、スコット隊の小屋のあるハット岬を目指して急いだ。二十八日、ハット岬に着いた二人はそこでニムロッド号の置手紙を発見した。手紙には南磁極隊を収容したこと、二十六日まで待ったことが記されていた。絶望した二人は、スコット隊の地磁気測定室に火をつけた。幸いなことにその煙はニムロッド号で視認され、二人は救助されたのである。シャクルトンはすぐに残る二人の救助隊を出発させた。三月四日午前一時、全員が船に収容された。四人は人類で初めて南極大陸の氷雪原を二七三六キロメートルも歩き通したのである。

彼らは南極点到達こそできなかったが、内陸氷原の姿を明らかにした。石炭や化石の発見で、南極大陸にも石炭のもととなった巨木が茂る温暖な気候の時代があったことが明らかになったのである。

6　南極点への到達

一九〇九年四月六日、アメリカのピアリーが北極点に到達したニュースは、極点を目指していた探検家たちの魂に火をつけたようだ。南極点到達の機運が高まり、一九一〇～一九一二年に三つの探検隊がロス海に集まり、南極点を目指した。アムンセンのノルウェー隊、スコットのイギリス隊、そして白瀬矗が率いる日本隊だ。

オスロ市郊外に展示されているフラム号

　ノルウェーにはフリチョフ・ナンセンという偉大な極地探検家がいた。ナンセンは一八八八年に初めてグリーンランド氷床を踏破し、さらに一八九三年から九六年にかけて、フラム号で北極海の海氷原を海氷に閉じ込められたまま流されながら、北極点付近を通過するという探検を成功させていた。彼の用いた探検船「フラム号」は彼自身の特別注文により設計建造され、氷海に閉じ込められても氷の圧力でつぶされないように工夫され、竜骨や船底が補強されていた。フラム号は現在、オスロ市郊外に保存、展示されている。

　北極探検に闘志を燃やしていたロアール・アムンセンは、ナンセンのフラム号を使うことを許されていた

スバーバル・ニーオルスンのアムンセン像

が、北極点到達のニュースを聞き、その行く先を南極に変更して南極点初到達を目指すことにした。アムンセンは一八九八年二月から翌年三月まで、十三か月間、現在のアムンゼン海で海氷にビセット（船が氷に囲まれて動けない状態）されたまま漂流したベルジカ号の探検に参加していたので、南極探検の経験も持っていたし、十分な資料も集めていた。しかし探検隊はあくまでも北極の科学調査を目的として、すべてが計画されていた。

一九〇九年九月、イギリスではスコットが再び南極へ向かう準備をしているというニュースがアムンセンに知らされ、探検の準備を急いだ。南極を目指すというアムンセンの本音は、ほんの二～三人にしか知らされていなかった。

本国を出発したフラム号は一九一〇年九月六日、大西洋のマデイラに寄港した。ここでアムンセンは一九名の隊員全員に南極行きを告げるとともに、もしそれを希望しない人がいれば帰国してもよいと話した。出航三時間前には全員が故郷への手紙を書き、手紙を投函するとともに、すでにオーストラリアのメルボルンに着くはずのスコットに宛てて「我南極に向かう」と打電した。こうして九月九日、フラム号は南極に向けて出港した。

一九一一年一月、フラム号はロス海に入り、ロス島から続くロス棚氷の氷崖に沿って東に進み、クジラ湾に投錨した。アムンセンはクジラ湾付近でロス棚氷上に上陸ができれば、南極点までの距離はスコット隊より一〇〇キロメートルほど、往復の日程としては一〇日以上短くなると計算していた。そこで上陸ルートを確保し、氷崖を登り内陸に三キロメートルの地点を小屋建設の場所と決めて、犬ぞりを駆使して資材を運ぶとともに、小屋を建てた。小屋には一〇台のベッドが備えられていた。

小屋の周辺には「一六人用」と呼んでいる背の高いピラミッド型のテント一五張りも立てた。テント内は五〜六人が寝袋で寝られるほどの十分な広さがあった。これらのテントは資材や燃料、食料などの倉庫とし、さらに犬たちもこの中に入れた。この小屋とテント群は「フラムハイム」と名づけられた。越冬を始めて間もなく、フラムハイムは雪で埋まり、小屋と各テントとは雪洞を掘って連絡通路を作った。

合計百数十トンを超す資材がフラム号からフラムハイムに犬ぞりで運ばれ、越冬体制が整った。また周辺に生息するアザラシを多数捕獲し、越冬用の食料として備えた。フラム号はアムンセンら九名の越冬隊員を残し、寄港地のブエノスアイレスへと向かった。南緯八〇度、八一度、八二度の三か所に、極点旅行に備えてデポを設置し、アザラシの肉二・二トンを含む合計三トンの食料や燃料を置いた。

四月二十二日からフラムハイムは太陽が現れない極夜に入った。八月に再び太陽が戻り、極夜が明けた九月八日、八名の隊員が七台のそりを九〇頭の犬に引かせて南へと向かった。南緯八〇度のデポまで行ったが、寒さのために足が凍傷になる犬が続出してしまった。そこでアムンセンは一度基地に戻り、作戦を変更して南極点を目指す五名と、東のキングエドワード七世ランドを調査する三名の、二つのパーティを編成した。

一九一一年十月十九日、極点を目指す五名の隊はすべての準備を完了し、四台のそりを五二頭の犬に引かせて二十日にフラムハイムを出発した。二十二日に一行は南緯八〇度のデポに到着し、十分な休養をとった。犬たちには食べたいだけアザラシの肉を食べさせ、休ませた。二十六日にここを出発して三十一日に南緯八一度のデポに到着、一日の休息をとり、犬たちにも十分食べさせた。十一月五日、南緯八二度のデポに到着し、ここでも犬たちに食べられるだけ食べさせ、休息させた。

十一月八日に出発した一行は、一日五〇キロメートルという驚異的な速さで進み、翌九日には南ビクトリアランドの山脈が見え始めた。十一月十五日、一行はロス棚氷の南限に達し第六デポを南緯八五度に設けた。この日まで一行はほぼ一直線に真南に向けて行進してきたが、大陸縁に達して氷原は少しずつ高度を増していた。十七日、アムンセンは六〇日分の食料と燃料をそりに積み、残り三〇日分を第七デポに置き、十八日から急崖な氷河の登攀を開始した。クレバスには人も犬も苦しみながら、十一月二十一日には標高二五〇〇メートルの地点に達した。四日間で一九〇〇メートル登ったことになる。

アムンセンはここで弱った犬二四頭を射殺し、帰路の食料にするため第八デポを設けた。残った一八頭の犬に三台のそりを引かせ、前進を続けた一行はブリザードに襲われながらも、十一月二十七日には南緯八六度を超えた。強風だが晴れ渡った二十八日、山脈が東側に延びていることを確認した。一行は見事に南極横断山地を越えたのだ。二十九日、南緯八六度二一分、標高二七〇〇メートルの地点に第九デポを設けた。三十日にはクレバスの多い氷河を越えると、東側には現在ハンセン山と呼ばれている四〇〇〇メートルを超える山が横たわっていた。

十二月一日、ようやくクレバス地帯を越えた一行の目前には、凍った湖と見間違えるような雪氷原が広がっていた。標高は三一〇〇メートルに達していたが、柔らかい雪に悩まされた。二日は標高三三〇〇メートル、南緯八六度五一分でキャンプ。十二月八日、シャクルトン隊の南緯八八度二三分を越える八八度二五分でキャンプし、第一〇デポも設けた。その後も順調に進み、十二月十四日十五時、彼らが計算していた南極点に到達した。

彼らはそこに小さなテントを立て、ポールにはノルウェーの国旗とフラム号のペナント（三角旗）とを掲げ、その場所を「ポールハイム」と命名した。アムンセンは南極点への到達を確実なものにするため、次の日は午前六時から午後七時まで太陽高度を測定し続けた結果、現在の場所は南緯八九度五五分であることが分かった。十六日、天気は良好で観測には絶好の日だった。一行は四名で三十分ごとに六分儀（観測者から見た二つの物体の方向の角度を精密に測定する装置）による測定を繰り返し、合計二四回の測定で約九マイル進み、南極点到達を確実にした。

アムンセンはノルウェー国王と、彼らのテントを最初に発見するであろうスコット宛に、十二月十四日にここに到着したことを記した手紙を残した。帰路の遭難に備えたものである。

一行は十二月十七日にポールハイムを出発、一日に二五キロメートルほどの割合で氷河を下り、三〇〜四〇キロメートルの割合でロス棚氷の雪原を走破し、一月十二日に無事フラムハイムに到着した。五名全員が無事で、二台のそりを一一頭の犬が引いていた。

7　世界最悪の旅

シャクルトンの南極点到達が達成できなかったのに対し、ピアリーの北極点到達のニュースが流れると、イギリスには大英帝国の威信をかけて南極点初到達をせねばという空気が漂っていた。ニムロッド号で帰国後、南極点到達をシャクルトンに期待したスコットは第一線から身を引いていた。しかし、国内の南極点初到達への機運の高まりから、一九〇九年九月、再び南極を目指すことを決心して公表し、準備を始めた。特に彼はシャクルトンが南極点を目前に、わずか一八〇キロメートル手前で引き返さねばならなかったことに衝撃を受けていた。

シャクルトンのディスカバリー号は使えなくなっていたので、七〇〇トンの捕鯨船テラノバ号で南極に向かうことになった。スコットを助けたのは第一回にも同行したエドワード・ウィルソンだった。一九一〇年六月、テラノバ号はテームズ川から出航した。

船がオーストラリアのメルボルンに到着した時、アムンセンからの電報がスコットを待っていた。「フラム号で南極に向かう」。しかし、スコットは動揺せず、観測隊員全員がスコットとともに南極点への意識を強くした。

ニュージーランドのリトルトンでは、ロシアから運ばれてきていた一九頭のシベリア馬（ポニー）と三四頭の犬が乗船した。すべての資材、石炭などの点検が終わり、一九一〇年十一月二十九日、テラノバ号は南へと向けて出港した。

一九一〇年十二月九日までに、船は浮氷帯を通過して、ロス島東端のクロージア岬を目指した。クロージア岬はロス棚氷の端に位置し、南極点を目指すにはよい場所で、コウテイペンギンのルッカリーも近くにある。しかし海岸は切り立った断崖で船を着けることは難しく、マクマード入り江へと向かった。

一九一一年一月四日、前回越冬したハット岬を目指したが、そこへの水路は固く閉ざされており、仕方なく約二〇キロメートル北の平坦な海岸が広がるエバンス岬を上陸地点とした。北へ一〇キロメートルのところがシャクルトンのロイズ岬だ。小屋の建設準備とともに、ポニーと犬も上陸させ、二台のモーター付きそりは一度に一トンの荷物を次々に運んだ。

一月十七日、予定より六週間早く小屋が完成したので、スコットは計画していた調査も始めた。その一つが東の方のキングエドワード七世ランドの調査だった。そのためにテラノバ号は再び東へと向かい、ロス棚氷の氷崖がくぼんで内陸への通路が確保できそうなところにテラノバ号は到達した。クジラ湾だ。そこで彼らはアムンセンのフラム号と出会い、それぞれ情報を交換した。

テラノバ号は去り、エバンス岬で一五名の越冬が始まった。小屋の外に出るとエレバス山がほぼ真東の方向に見えるが、山は静かに噴煙を上げ続けていた。

帰国後『世界最悪の旅』を著わした生物研究者のチェリー・ガラードはその著書で「富士山は世界一美しい山、エレバス山は世界一重厚な山」と表現し、その山麓で生活できる幸せを喜んでいる。彼はウィルソンとともに、その進化を解明するために、コウテンペンギンの卵を採集する計画を持っていた。ウィルソンは前回の越冬の時、九月にルッカリーを訪れたが卵はすでに孵化した後だった。そのため卵を採取するには真冬に行かなければならないと考えていた。

ウィルソン、チェリー・ガラード、ボアーズの三名はミッドウインター（冬至＝北半球の夏至の前後にある真冬祭）を祝った後、一九一一年六月二十七日、南極の真冬、クロージア岬に向かい往復一〇五キロメートルの旅に、二台のそりを引いて出発した。荷物は六週間分の食料、燃料、装備で合計三四〇キログラムだった。ハット岬までは海氷上を進んだが、気温はマイナス四〇℃を下回っていた。ロス棚氷に入ると強風が吹き出し、風は強くなったり弱くなったりを繰り返し、気温はマイナス五〇℃に達した。

キャンプでテントの中で寝ていても、寝息で湿気を帯びてきた寝袋は凍り付き、着ている物も凍ったままになってきた。棚氷の氷原は柔らかい雪で覆われ、歩くのにも苦労した。二台のそりは同時に動かすことはできず、三人で一台のそりを五キロメートル進め、戻って二台目のそりを三人で押すことを繰り返した。このため前進する速度は通常の三分の一になってしまった。

チェリー・ガラードは一日の最悪の時間は寝袋に入っている七時間だと記している。バリバリに凍り付いた寝袋に足を突っ込んで入っても、ゆっくり休めないのだ。七月五日は外気温はマイナス六一℃を記録し、気温がマイナス五〇℃より上がることはなかった。

朝食に暖かいペミカン（携帯保存食）を飲み、ビスケットとお茶で力をつけ、テントを一歩出ると、そこはもうすべてが凍り付く死の世界だった。彼らは一日当たり一人九〇〇グラムの食料を準備していた。ペミカン、ビスケット、紅茶だったが、その割合は個々にそれぞれ自分にあった形に調整していた。体温の維持だけが肌着の凍るのを防いでくれた。

七月十五日、クロージア岬に到着した一行は、そこに石室を築いた。大きさは二・四×三・六メートルで、天井はキャンバスで覆った。七月二十日、彼らは海氷上にあるペンギンのルッカリーまで降りることに成功した。およそ一〇〇羽が暗い中でも歩き回っているのに驚きながら、いろいろな調査をするとともに、三羽を捕獲して六個の卵も採集したが、崖をよじ登って持ち帰る時に三個は割れてしまった。

目的物の採集には成功したが、事態はさらに悪くなっていった。夜中に強風で天井を覆っていたキャンバスが飛ばされたのだ。彼らは凍った寝袋に入ってじっと耐える以外に方法はなかった。ただ横になっている時だけが、彼らにつかの間の休息を与えた。二日間はグランドシートを寝袋の上からかぶり、何も食べずにじっと耐えた。

嵐は止んだが、ウィルソンとチェリー・ガラードは突然ボアーズの叫び声を聞いた。石室からわずか四〇〇メートルほど離れたところで飛ばされたテントを発見したのだ。しかもテントは無傷で使える状態だった。

七月二十五日、彼らは帰路についた。空腹と眠気に襲われながら、互いの身体をたたき合い、元気づけながら前進した。七月三十一日にハット岬に到着し、そして八月一日午後十時、越冬基地のエバンス岬に帰り着いたのだ。三人は極夜の中の三六日間の旅行を生き抜いた。チェリー・ガラードの寝袋は、通常は八キログラムほどの重さだったが、全体に氷が付着しており二〇キログラムにもなっていた。彼らほどひどくはないが、私もバリバリに凍り付いた寝袋で寝た経験はある。一日の仕事が終わり、ようやく寝袋に入れる喜びもつかの間、その寝心地の悪さは例えるものがなかった。

8　雪洞で越冬

エバンス岬の小屋の建設が終わり、越冬体制が整うと、スコットは予定していた調査に着手した。彼は三つのパーティで東、南、西の調査を考えていた。第一は東のキングエドワード七世ランドの調査だが、テラノバ号がフラム号とクジラ湾で邂逅(かいこう)し、ノルウェー隊が調査することを知ったので、その調査は断念した。

第二の南は、南極点へのルート上にデポを設けることであり、第三の西はマクマード入り江の西側に位置するドライバレーの沿岸調査だった。

南極点を目指すスコットは二月二日、一三名の隊員と八頭のポニー、二六頭の犬に一〇台のそりを引かせて南に向かった。ポニーが柔らかい雪に苦しみ行進ができないので、雪面が固くなる夜間に行動するなど、苦労して前進を続けた。二月十七日、スコットはそれ以上の前進は困難と判断して、予定した南緯八〇度より五〇キロメートル手前に「一トンデポ」を設けた。もしこのデポが予定通り南緯八〇度に設けられていたら、スコットらの悲劇は回避された可能性が高いが、それは約一年先の話だ。

基地に戻ったスコットはテラノバ号からの報告で、東側の調査に予定していた六名で北側の調査をすることにして一九一一年二月九日に出発した。ヴィクトル・キャンベルをリーダーに以下五名がテラノバ号でビクトリアランドの先端、アデア岬に行って上陸し、ボルヒグレンビクの小屋の近くに小屋を建て越冬を始めた。生活はエバンス岬の隊とほぼ同じで、状況の許す限り付近一帯を調査した。

一冬をアデア岬で過ごした一行は一九一二年一月三日、ニュージーランドから戻ったテラノバ号に収容された。彼らはビクトリアランドのロス海岸沿いを調査するため、現在はテラノバ湾と呼ばれている海岸に一月八日に上陸した。彼らのそりには六週間分の食料、さらにペミカンなど六週間分の非常食を用意して、メルボルン山周辺などを調査した。

調査が終了して彼らはテラノバ湾で迎えの船を待ったが、浮氷帯に阻まれ、テラノバ号は岸に近づくことができずにその場を離れざるを得なかった。残された一行は食料も乏しくなり、二張りのテントも破損してしまった。キャンベルは付近に雪洞を掘って越冬基地とすることを決心し、三月十七日に移った。雪洞の広さは三・六×二・七メートルで、高さはもっとも高いところでも一・七メートル、誰もまともに立つことはできなかった。床には細かな石を敷きつめ、その上に乾いた海藻とテント内で使っていたシートを敷いた。

残りの食料を計算して、毎日曜日に一人当たり一二個の角砂糖、毎土曜日と隔週の水曜日に四三グラムのチョコレート、月末に二五粒のレーズンを配給することにした。また紅茶とココアも時どき供された。三月二十一日、一人の隊員がアザラシを殺し、海岸に打ち上げられていた三六匹の魚を見つけてきた。その後も、彼らはアザラシやペンギンを捕獲して飢えをしのいだ。

冬が明けた九月三十日、彼らはエバンス岬を目指して移動を始めた。そして一九一二年十一月七日、ハット岬に到着して、そこでスコット隊が帰還していないことを知った。

この二冬の南極での越冬、しかも、二冬目の雪洞での越冬は、六人にとって「人生最悪」の期間だっただろう。

9　スコットの悲劇

越冬が始まり、スコットは極点旅行への準備を怠りなく進行させていった。南極へ出発前の一九一〇年初め、スコットはノルウェーを訪問してモーター付きそりが南極で使えるかを調べている。この時に雪原ではスキーも役立つことを知った。結局彼はモーター付きそり二台を購入し、エバンス岬に持って行った。モーター付きそりはすでにシャクルトン隊が使っていたが、それほど役には立っていなかった。スコットは南極点への到達はモーター付きそり、ポニー、犬そして人力を総動員しなければならないと考えていた。

南極点を目指す行動は十月二十四日から始まった。二台のモーター付きそりが合計三トンの食料、燃料、資材を乗せて出発した。五か月に及ぶ苦闘の始まりだ。スコットの計画は越冬隊員を総動員して南に向かわせ、次々に補給用のデポを設置し、前進することだった。デポを設置し終えたグループは、順次エバンス岬に戻るのだ。

スコット自身は十一月一日、ウィルソンらとともに一〇頭のポニーを引き連れて出発している。一行はモーター付きそりの跡を前進した。この時点で一〇頭のポニー、二三頭の犬が一三台のそりを引き、一六名の隊員に引率されてロス棚氷上を総延長八〇キロメートルの長さとなって、南へと前進していた。

行進を始めて間もなく、スコットは雪原の柔らかい積雪にポニーが足をとられることに気が付いた。もちろん彼らはポニー用の輪かんじきを用意はしていた。それに反してスコットが重要視していなかった犬ぞりチームは順調に進んだ。十一月二十一日、モーター付きそりチーム、ポニーチーム、犬ぞりチームが一緒になった。そこは南緯八〇度三〇分の地点だ。

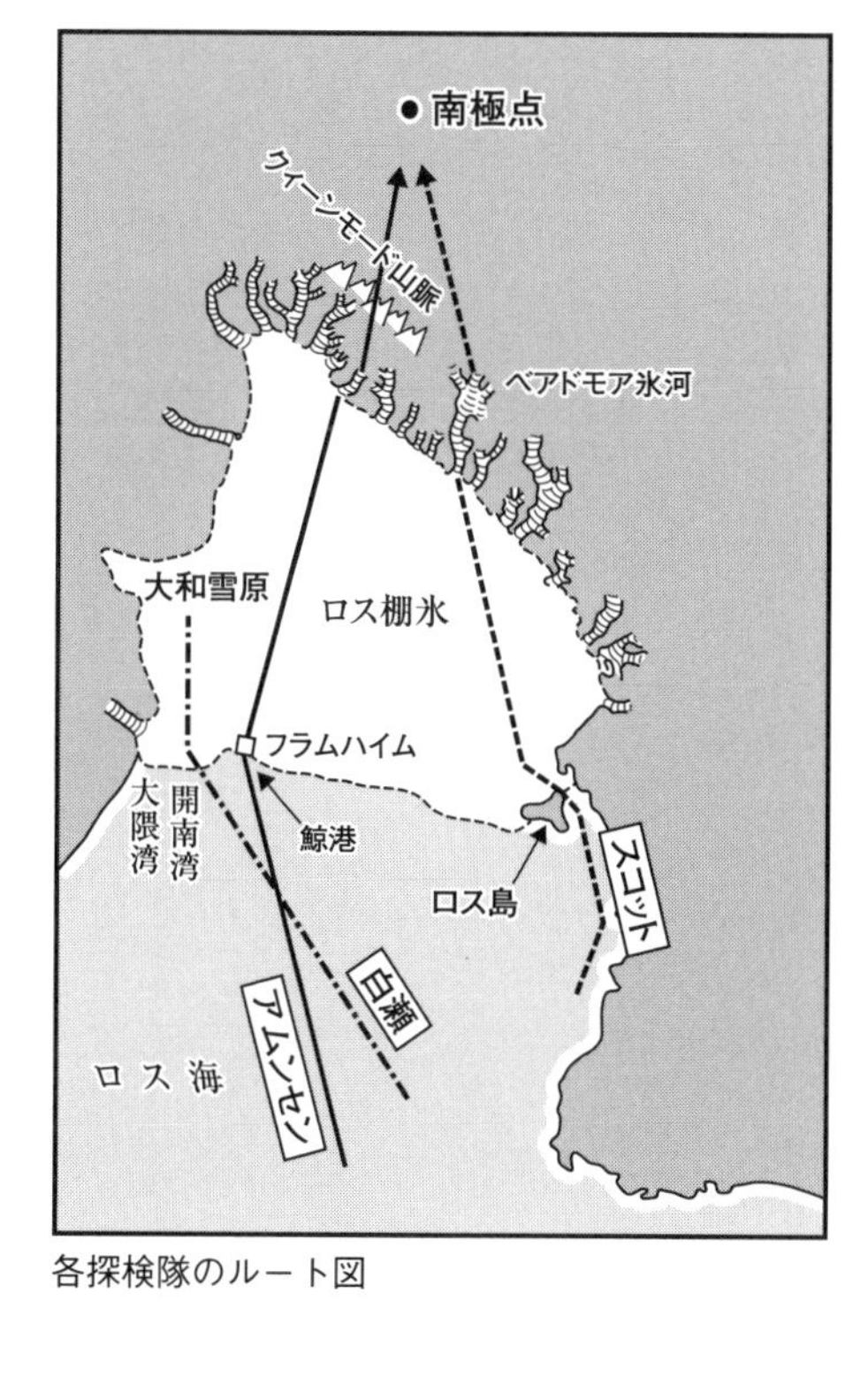

各探検隊のルート図

スコットの計画では、ポニーチームが多くの資材をベアドモア氷河の登攀口あたりまで運ぶはずだったが、計画よりも三〇〇キロメートルも手前だった。十二月初旬、彼らは弱ったポニー五頭を射殺した。さらに数日間ブリザードが続いたが、一行はベアドモア氷河入り口付近に到着し、そこで残りの五頭のポニーも射殺した。

一行は犬ぞりとともに約二〇〇キロメートルに及ぶ氷河の登攀を始めた。クレバスに苦しみながらも標高三〇〇〇メートル付近に達した。全体のコースの四分の一を踏破したことになるが、犬ぞりでの登攀は無理と判断された。そこから犬ぞりチームは返し、三台のそりを一二人で引いて登攀を続けた。

十二月二十一日、彼らはベアドモア氷河の源流部に達し、そこに氷河上部のデポを設けた。そして三台のそりのうち、一台を引き返させた。スコットら四人で一台、ほかの四人でもう一台のそりを引き、内陸氷原の行進が始まった。雪面は平坦になりクレバスの恐怖はなくなったが、強風で吹き寄せられた積雪は厚く、雪面を凸凹させるサスツルギが続いて前進は苦労の連続だった。

一九一二年一月四日、スコットは最後の支援隊を返すことにした。しかしそれまでは、スコット、ウィルソン、オーツ、エバンスの四名で極点を目指すはずだったが、突然ボアーズに極点へ行くことを求めた。これは計画外だった。支援隊のリーダー、テディ・エバンスは三人でそりを引いてエバンス岬まで帰らねばならない。また南極点を目指す隊については、すべて四名で食料や資材の計画がなされていた。

一月九日、スコットらはシャクルトン隊の南緯八八度二三分を越えた。南極点に関しては数年間、常にシャクルトンの後を追い続けていたスコットが、ようやく彼を追い越したことになったが、喜んではいられなかった。

一月十二日、そりの跡のような線が見られた。

一月十五日、ノルウェー人が立てたと思われる旗が行く手に見えた。

一月十六日、極点の手前三二キロメートル。ボアーズは目印用の旗が風にひらめいているのを確認。

次の日一行は南極点でノルウェー隊のテントを発見し、アムンセンからスコットへの手紙も見た。その日の日記にスコットは次のように記している。

「南極点到達。しかし夢に描いていたのとは異なった状況で（中略）、ここは本当に恐ろしいところだ。帰路を急ごう。（中略）だが我々は果たして帰りつけるだろうか」

一月十九日、彼らはエバンス岬までの一三〇〇キロメートルを歩き始めた。ベアドモア氷河で二月八日から九日間にわたり調査を続け、岩石標本一六キログラムを採集して、そりに積んだ。エバンスとオーツは凍傷で苦しみ、弱っていった。二月十七日、ベアドモア氷河を降りた地点のキャンプでエバンスは眠り、二度と起きることはなかった。彼らはデポにある食料や燃料を考えて、一日一六キロメートルを歩かねばならなかった。しかし、ロス棚氷上を四日間で四〇キロメートルしか歩いていなかった。天候が悪い日が続くようになり、気温

オブザベーションヒルのスコットらを追悼する十字架

がマイナス四〇℃を下回る日もあった。

オーツの足は黒く変色していた。三月十六日、ブリザードの中をテントの外に飛び出したオーツは、二度と帰ってくることはなかった。三月二十一日、三人は「一トンデポ」まで一八キロメートルの地点にキャンプしたが、食料も燃料もほとんどつきていた。

三月二十九日、スコットは「これ以上書き続けることができない。最後に私たちの家族のことを頼みます」と書き残している。

留守部隊はエバンス岬から二〇キロメートル離れたハット岬の先にあり、現在はオブザベーションヒルと呼ばれている丘に登り、南に広がるロス棚氷上を毎日眺めてスコットらの帰還を祈り続けた。冬を越した一九一二年十一月、捜索隊によって三名の凍り付いた遺体が発見され、遺品も回収された。遺品の中には一六キログラムの岩石の標本も含まれていた。

遺体の上に雪のケルンが積まれ、十字架が立てられた。現在その痕跡は分からないが、彼らはまだロス棚氷の一隅に眠り続けている。

オブザベーションヒルの上には、迎えにきたテラノバ号の人々によって、追悼の十字架が立てられた。その十字架は現在南極の史跡として保存されている。

南極点への到達こそアムンセンの後塵を拝したが、アデア岬からロス海沿岸の調査、ドライバレーの調査など、南極大陸の姿の解明に力をつくしたスコット隊の功績は、南極探検史上でも、偉大である。

10　白瀬隊の南極探検

白瀬矗が南極探検を公表したのは一九一〇年七月だった。秋田県金浦町（現にかほ市）出身の白瀬は子供のころから、極地に興味を持っていた。極地に行くために必要なことと、寺子屋の先生に教わった五訓（一、酒は飲まない、二、タバコは吸わない、三、茶は飲まない、四、湯は飲まない、五、寒中でも火にあたらない）は生涯守り通した。

軍隊に在籍していたころは千島列島の警備や開拓に従事し、厳しい冬も越した。そんな経験から白瀬は北極探検を考えていたようだが、ピアリーの北極点到達を知って、その目標を南極に変えたのはアムンセンと同じだ。

当時の日本は日清戦争や日露戦争に勝利し、新しい国家ができつつある時代だった。明治時代始めの文明開化の荒波は収まったが、探検とか極地については、国民はほとんど関心を示すことはなかった。

探検隊の発表前には政府からの資金提供も約束されていたようだが、実際には何の援助も受けられなかった。探検隊の資金集めをはじめ、隊員の選定、探検船の調達など苦労の連続だった。しかし、白瀬は強い意志で数々の障害を乗り越え、探検隊を組織していった。探検船に決定した船は名将乃木大将により「開南丸」と命名された。

一九一〇年十一月二十八日、白瀬以下一一名の南極探検隊を乗せた二〇七トンの開南丸は、東京芝浦を出航した。現在は埋め立てられて陸地になっているその地点には、白瀬隊出航の記念碑が建っているが、そばには高速道路が通り、とても往時を偲ぶことはできない。

開南丸はニュージーランドのウェリントンに寄港後、一九一一年三月三日、日本の船舶として初めて南緯六六・五度の南極圏を越えた。しかし、南極はすでに冬の季節を迎え、海氷が発達していて前進を阻止された。南極大陸に近づきながらも、その陸影を見ることもなく、白瀬は三月十二日、ついにオーストラリアに引き返すことを決断した。

シドニーで半年間を過ごした白瀬隊は、一九一一年十一月十九日、再び南極を目指して出航した。一九一二年一月、暴風圏を乗り越えロス海に入ってロス棚氷へと接近し、一月十六日にはクジラ湾に到着して、その脇の小さな湾に入り、そこから棚氷への上陸を果たした。白瀬は、その小さな湾を開南湾と名づけた。この時の様子を、南極点到達を果たしてフラムハイムに帰還したばかりのアムンセンは次のように記している。

「一月十六日、日本の探検隊がクジラ湾に到着した。我々の越冬基地の近くの棚氷上に上陸した」(Roald Amundsen : *The South Pole*)

棚氷上に前進基地を設け、一月十九日、白瀬隊長ら五名がそり二台を、三〇頭のカラフト犬に引かせて南極点を目指して出発した。寒風と凹凸の激しい雪面に苦闘しながら九日間で三〇〇キロメートル前進した。白瀬は一月二十八日を最南点として引き返したが、白瀬隊の

秋田県の生家にある白瀬像

報告書である『南極記』には次のように記載されている。

「夜半より二十八日午前零時半まで行程壱里である。此地点が即ち我が突進隊員一行が到達したる最終の所である。気温を験すると正に摂氏零下十九度半(中略)

経度は毎日午前八時に測定する筈であるから武田部長は時針の午前八時を報ずると

共に観測を遂げた結果、此地点は西経百五十六度三十七分であることを知った。然し緯度は正午にならなければ分からぬのである。（中略）時針の正午を指すのを待って武田部長は緯度の観測を遂げた結果南緯八十度五分なるを知った。（中略）隊長は此露営地を中心として目の届く限り渺茫際なき大雪原を『大和雪原（ヤマトユキハラ）』と命名した」

白瀬隊が上陸し、南進した地域一帯はロス棚氷上で、大和雪原もその一部である。白瀬は南極に到着しながら一片の岩石も採取し持ち帰れなかったことを悔やんでいるが、大和雪原が海の上であれば仕方ないことだった。

なお白瀬隊はペンギンの胃の中に入っていた小石を持ち帰った。この小石は当時の第一高等学校（現東京大学地質学教室）で調べられたという。

白瀬と同時期に南極点を目指したアムンセンやスコットが南極に到着するころに日本を出航した白瀬は、明らかに南極に関しては情報不足だった。しかも彼の発想は明治時代の日本人の発想ではなく、むしろ現代の日本人の発想に近いといえるだろう。彼は明治という時代を超越していた。生まれたのが早すぎたのだ。現在の日本では、大した冒険でもないのにスポンサーが付き、多額の資金が使われている。もし白瀬が、現在生きていたら、どんなことで我々を驚かし、楽しませてくれただろうか。

白瀬隊が大和雪原に残したブリキ板の旗は、後日アメリカのバード少将が飛行機から確認し、白瀬らの探検を評価している。白瀬は大和雪原付近一帯を日本領土と宣言したが、日本政府はそのような宣言に関心を持ったのかどうかはっきりしない。一九五一年の第二次大戦後の平和条約では、日本は南極のすべての権限を放棄している。

コラム2　犬ぞりとポニー

南極の海氷上や大陸の氷雪上の輸送手段としては、犬ぞりが使われてきた。アムンセンの南極点到達の成功は犬ぞりを上手に使ったことによると評価されている。彼は計画の立案初期から、南極点到達には犬ぞりが必要と考えていた。九七頭の犬を北グリーンランドで購入してフラム号に乗せ、南極に着いた時には犬たちは一一二頭に増えていた。

アムンセンにとって犬は輸送手段であるとともに、人間の重要な蛋白源となる食料だった。彼らは弱った犬から順次殺し、人間と犬たちの食料にした。また越冬前に捕獲したアザラシの肉も犬ばかりではなく、越冬中の人間の胃袋も満たしていた。アザラシのステーキは越冬隊の普通のメニューだった。

イギリス隊はシャクルトンもスコットもモーター付きそりを持参した。しかしこれはあまり役に立たなかったようだ。雪上車と呼ばれる氷上の輸送手段が確立するのは、一九五七年の国際地球観測年からである。

ポニーはシャクルトン隊もスコット隊も使いこなしてはいなかった。柔らかい雪にはほとんど対応できなかったようで、輪かんじきをつけても柔らかい雪では沈んでしまい、そりも十分には引けなかったのだろう。出発直後のロス棚氷上から苦戦していたので、ベアドモア氷河の急崖ではなおさら役には立たなかったのではないか。ただ彼らはポニーを食料にもしているから、この点の発想はアムンセンと同じだ。

しかし、愛犬家のイギリス人たちはそり引きの犬でも、それを食料にするという考えはなかったようだ。この点は日本の白瀬隊も同様に、そり引き犬は仲間であり、家族の一員だった。それを食するなどとはとても考えなかったのだろう。

白瀬隊はカラフト犬を置き去りにせざるを得なかったようだが、御者役のアイヌ人を含め、最後まで犬を助けようと努力していた。この犬に対する感情がアムンセンとは大きく異なっている。バイキングの末裔、狩猟民族の末裔のノルウェー人と、農耕民族である日本人の違いと言えるだろう。

コラム3　三隻の船の邂逅

一九一一年一月、アムンセンを送ってきたフラム号（三五五トン）は、スコット隊のキングエドワード七世ランドの調査のため、ロス棚氷に沿って東へ航海してきたテラノバ号（七〇〇トン）とクジラ湾で邂逅し、お互いの船を表敬訪問しながら情報を交換した。

互いに訪問した船で食事もしている。そこでアムンセンがキングエドワード七世ランドの調査を考えていることを知り、スコットは予定していた調査地をロス海西岸に変えた。

また一九一二年一月十六日、フラム号から開南丸（二〇七トン）は視認され、翌日、隊長の命令で野村船長が通訳を連れて表敬訪問をした。フラム号からも二人の船員が開南丸を訪れ歓待された。

船内を案内されたフラム号の船員たちは、自分たちだったらこのような船で南極までは来られなかったと話した。

コラム4　『世界最悪の旅』の舞台で映画撮影

『世界最悪の旅』の舞台であるロス島南側のロス棚氷上で、日本の映画撮影が行われたことがある。一九八二年十月、「南極物語」の撮影隊がスコット基地に入った。「南極物語」は国際地球観測年の一九五八年二月、昭和基地で第二次日本南極地域観測隊が越冬を断念した時、日本に連れ帰ることのできなかった一五頭のカラフト犬の物語である。残された一五頭のうち、タロ、ジロの兄弟犬が生き残っていて、一九五九年一月、第三次隊によって発見された時は、日本国中が感動に包まれた。その実話の映画化だ。

なるべく事実に忠実にというスタッフの願いで、南極の氷原を進む犬ぞりの撮影は、ニュージーランド隊の協力を得て、スコット基地付近で行われた。スコット基地入りしたのは主演の高倉健と撮影スタッフだった。高名な俳優とはいえスコット基地では特別扱いはされず、二段ベッドが一〇台以上並ぶ夏隊員用宿舎に全員が宿泊して、高倉は下のベッドを与えられていた。たまたま私は高倉と入れ違いにスコット基地に入り、「昨日までケン（健）が使っていたベッドだ」と私に使うように言われた。

撮影はスコット基地の犬ぞりを使い、ロス棚氷上で行われた。その一つとして、犬ぞり旅行のシーンを撮影するために、スコット基地からクロージア岬に向けて撮影旅行が行われた。文字通り犬ぞりに機材を積んでの旅行で、高倉以外にスコット基地の隊員二人も同行した。その旅行中に「健さん死の淵に四時間」と報道される出来事が起こった。

キャンプでも高倉はスコットテントと呼ばれる、ニュージーランド隊やアメリカ隊が使っている一張りに三〜四名が泊まれるテントを占有していた。ある夜ブリザードに襲われ、高倉のテントが飛ばされた。高倉は寝袋に入ったままじっと耐え、およそ四時間後に、異変に気が付いた同行のスコット基地の隊員に救助された。「最初の二時間は死を覚悟した。人間は簡単に死ぬんだなと思った」と高倉は述べている。

スコット基地の隊員の一人は私の観測も手伝ってくれていたので、旧知の間柄だった。スコットテントはきちんと引き綱を張って立てれば、強風にも耐えることが知られている。それが飛んだというのは、立てたテントの周囲を雪ブロックでおさえ、さらにそこに雪のブロックを積まねばならないのに、どこかに手抜きがあったからだろうと推測していた。彼の話ではやはり「ケンのテントは雪のブロックがほとんどなかった」という。テントが飛ばされたのは、彼らの指導不足であると指摘しておいた。

上映された「南極物語」を観たが、雄大な氷原を疾走する犬ぞりがよく撮れていた。その中に一瞬エレバス山の姿が見えた。昭和基地の周辺には一〇〇〇メートルを超すような山はない。エレバス山のような三〇〇〇メートルを超える高い山はもちろんないが、ほんの一瞬の映像なので、気が付いた日本人は、私以外、南極関係者を含めて誰もいなかったようだ。

第四章　国際地球観測年

1　南極と国際共同観測

地球上に起こるいろいろな現象、天気の変化、気候の変化、海流の変化、地震の発生などを詳しく知るには、広い地域で同時に、しかも現象によっては長期間観測を続ける必要がある。地球規模の現象は、どんなに国土の広い国でも自国だけのデータでは、その解明は進まない。特に南極大陸のように人の住んでいない大陸では、一度や二度の探検をしたからといって、その姿を知ることはできない。南極観測が現在の国際協力の形をとるようになったのは、一九五七〜五八年の国際地球観測年（ＩＧＹ）からだが、その前に、一八八二年と一九三二年に、極地を知るために国際共同で国際極年（ＩＰＹ）が実施されている。

天気予報について考えてみよう。近年は気象衛星によって上空から撮影された雲の写真が、直接見られるようになった。中国大陸や日本の南の太平洋の雲の写真がテレビに映され、茶の間に居ながら南の海に発生した台風の動きが分かる時代になった。その衛星写真の上に重ねられる天気図は、地上で観測された気圧や気温、風などのデータをもとに作成されている。現在では中国やロシアからも国際的に決められた約束に沿って、気象データが送られてきて、日本の天気予報に役立っている。

しかし、第二次世界大戦が終わった後しばらくは、中国やロシアの気象の情報はほとんど入ってこなかった。もちろん人工衛星のデータもない時代だったから、気象庁の前身の中央気象台は、日本の天気に大いに影響のある西の方の気象情報が分からないまま、日本付近のデータだけから天気を予報していたので、外れる割合も多かった。紛争を抱える国にとって気象情報や地図情報は重要な軍事情報だったので、自国のデータを外国には送らなかったのだ。

気象とか、地磁気、地震、オーロラのような地球規模の現象は、アメリカやロシアのように国土の広い国でも、自国のデータだけでは実用にも、研究にも十分ではない。どうしてもより広い地域でのデータが欲しくなる。そこで研究者たちはデータがほとんどないか、あっても少ない極地方を集中的に調べる目的でＩＰＹを計画し、実施した。第一回は一二か国が参加し、中緯度地域で三四か所、北極地域で一三か所、南極地域一か所で、オーロラ、地磁気、気象などの共同観測を国際協力により実施した。南極地域ではドイツがサウスジョージア島に基地を設けて観測を行った。この一八八二年（明治十五年）の第一回極年の時は、日本は明治の文明開化の荒波の中で、憲法も議会もない発展途上の国だったので、参加する余裕も実力もなかった。

第一回ＩＰＹから五十年の間をおいて第二回ＩＰＹが実施された。この時は北極地域の観測に主点が置かれ、四四か国が参加した。南極地域ではケルゲレン島とサウスジョージア島で越冬観測が実施された。日本も参加し、当時日本領だったカラフトの豊原（現在のユジノサハリンスク）で地磁気の特別観測を行った。

戦争のたびごとに世界の科学技術は大きく進歩したが、第二次世界大戦が終わった時、世界の科学技術は急速に進歩していた。その技術を駆使しての地球や宇宙の研究も著しい成果があった。両極地域を含めた地球物理学的な要求は、第三回極年の一九八二年を待っていられなくなり、第二回ＩＰＹから二十五年後の一九五七年に第三回が計画されたのだ。

2　国際地球観測年

第三回ＩＰＹは名称も国際地球観測年（ＩＧＹ）として、極地ばかりでなく全地球上で、一九五七年七月一日から一九五八年十二月三十一日まで、参加各国が共同で地球物理の諸観測を実施することになった。その中でも当時は未知の大陸で、海岸線もはっきりしていなかった南極大陸に重点が置かれ、南極観測として実施されることになったのである。

南極観測に参加したのはアルゼンチン、オーストラリア、ベルギー、チリ、フランス、日本、ニュージーランド、ノルウェー、南アフリカ、イギリス、アメリカ、ソ連（現ロシア）

の一二か国だった。日本が南極観測への参加を表明したのは、一九五五年で、一二か国中最後だった。他の一一か国はすべて白人が主導権を握る国であり、第二次世界大戦の敗戦国、しかも唯一東洋の島国である日本の参加は、必ずしも歓迎されてはいなかった。しかしとにかく国際地球観測年を総括する国際学術連合で参加が許され、日本も南極に基地を設けることになった。

日本が南極観測に参加を表明した一九五五年（昭和三十年）は、敗戦から十年が経過し、国内の混乱は収まりつつあったが、主食の米も満足になく、「外米」と呼ばれた外国産米を輸入する時代だった。同じ敗戦国であり、科学立国でかつては日本が教えを乞うていたドイツやイタリアの南極観測への参加は、一九八〇年代になってからだった。南極観測に参加した後の日本隊の南極科学への貢献を考える時、その参加を決断した当時の学界はもとより政財界、科学オリンピックへの参加という国民の熱気などに強く敬意を表したい。「科学オリンピック」とは当時のマスコミが創り出した言葉で、直前に行われたスポーツの国際大会であるオリンピック・ヘルシンキ大会になぞらえ、科学の国際的共同事業として、このような表現が使われ、国民を鼓舞した。世論の一部には遠く離れた南極などに金を使うより、国民の生活向上のために使うべきだというような意見もあった。そのような意見を乗り越えての南極観測への参加だった。

ＩＧＹでは気象、オーロラ、地磁気、地震などの諸分野の共同観測を中心にして、周辺の島々を含めて南極大陸に約六〇か所の基地が設けられた。一九五〇年代までの世界地図帳に出ている南極大陸の地形図は、海岸線のほとんどは未知のため点線で示されている。したがって、各国への要請の一つが、海岸線を確定するための地形図の作成だったので、そのための地理や地形の測量や調査は、最優先で推進された。

日本は南緯六九度、東経三九度の地点に一九五七年一月二十九日に昭和基地を開設し、諸観測を始めた。基地での観測とともに、東経三〇度から四五度までの海岸線の地形図作成も国際的に課せられた任務だった。昭和基地付近は一九三七年にノルウェーの観測船が接近して、水上飛行機を飛ばして写真撮影をし、主な地形にノルウェー語の地名がつけられていた。だが地上や海上から近づいた観測隊はなく、人跡未踏の地だった。南極観測への参加表明が遅かったので、この地を選ばざるを得なかったのだ。しかし観測を進めてみると、アプローチには苦労するが、オーロラ帯直下でオーロラ観測には適している場所であり、真南に広がる大陸氷原には隕石が大量にある地域があるなど、決して悪い場所ではなく、「残り物には福があった」と言えよう。長い間人類を拒み続けてきた地域だけに、大陸沿岸には海氷が発達して、地図作りの測量は難航した。日本に課せられた東経三〇度から四五度までの海岸線付近の二〇万分の一の地形図すべてが完成したのは一九八〇年代に入ってからで、ＩＧＹから二十年以上が経過していた。

IGYでは、ほとんどその姿が分からなかった南極大陸の内陸の地域での越冬観測にも、重点が置かれた。アメリカが南極点、ソ連が南磁軸極や到達不能極、フランスは当時は南極大陸の沿岸近くにあった南磁極（南緯六六・五度、東経一四〇度、シャルコー基地）にそれぞれ観測基地を建設した。アメリカとソ連はさらに数か所の基地を設け、南極大陸内で初めての越冬観測が始まった。未知の大陸だった南極大陸にも、ようやく本格的な科学のメスが入れられたのだ。

IGYの南極観測はオーロラの研究を中心とする超高層物理、気象、雪氷、地球科学などの各分野で大きな成果を上げ、終止符が打たれた。各国の科学者はIGYで得られた多くの新しい知見が、平和な環境の中で実施された国際共同観測の結果であることを痛感した。南極観測も、国際協力によりさらに継続する要望が強く、IGYの翌年の一年間を国際地球観測協力年として、多くの基地で越冬観測が続けられた。

IGYが始まった直後の一九五七年九月、国際学術連合会議の中に南極研究特別委員会という分科会が設けられ、国際協力により南極観測を推進する体制が整った。この特別委員会は一九六一年に南極研究科学委員会（SCAR）と改称され、その後の南極観測の方向性を検討したり、各国科学者の協力を推進する機関となり、現在に至っている。

3　ロス島とエレバス山

ＩＧＹを契機にアメリカとニュージーランドがロス島南端のハット岬の先端付近に、基地を設けて越冬を開始した。アメリカのマクマード基地は現在では「南極研究センター」と呼ばれるほどに、基地の設備は充実している。当初から南極基地への補給拠点の役割もあり、南極最大の基地だった。基地の目の前にはマクマード入り江が広がり、その先には標高が四〇〇〇メートルを超える南極横断山地の山稜が横たわる。ニュージーランド南島のクライストチャーチの空港近くに補給基地を設け、ロス棚氷上には滑走路が整備され、南極の夏期間、十月ごろから二月ごろまで、毎週数便の大型輸送機が飛び、人員や資材の輸送が行われるようになった。

ニュージーランドのスコット基地はマクマード基地から北へ約二キロメートル離れ、ロス棚氷が眼前に広がる海岸に建設された。人員とほとんどの資材の輸送はアメリカと協力して航空機で行っている。

マクマード基地のほとんどの建物からは北側に位置する古い噴火口の丘に隠れて見ることができないが、スコット基地からはエレバス山を正面に見ることができる。スコットの悲劇

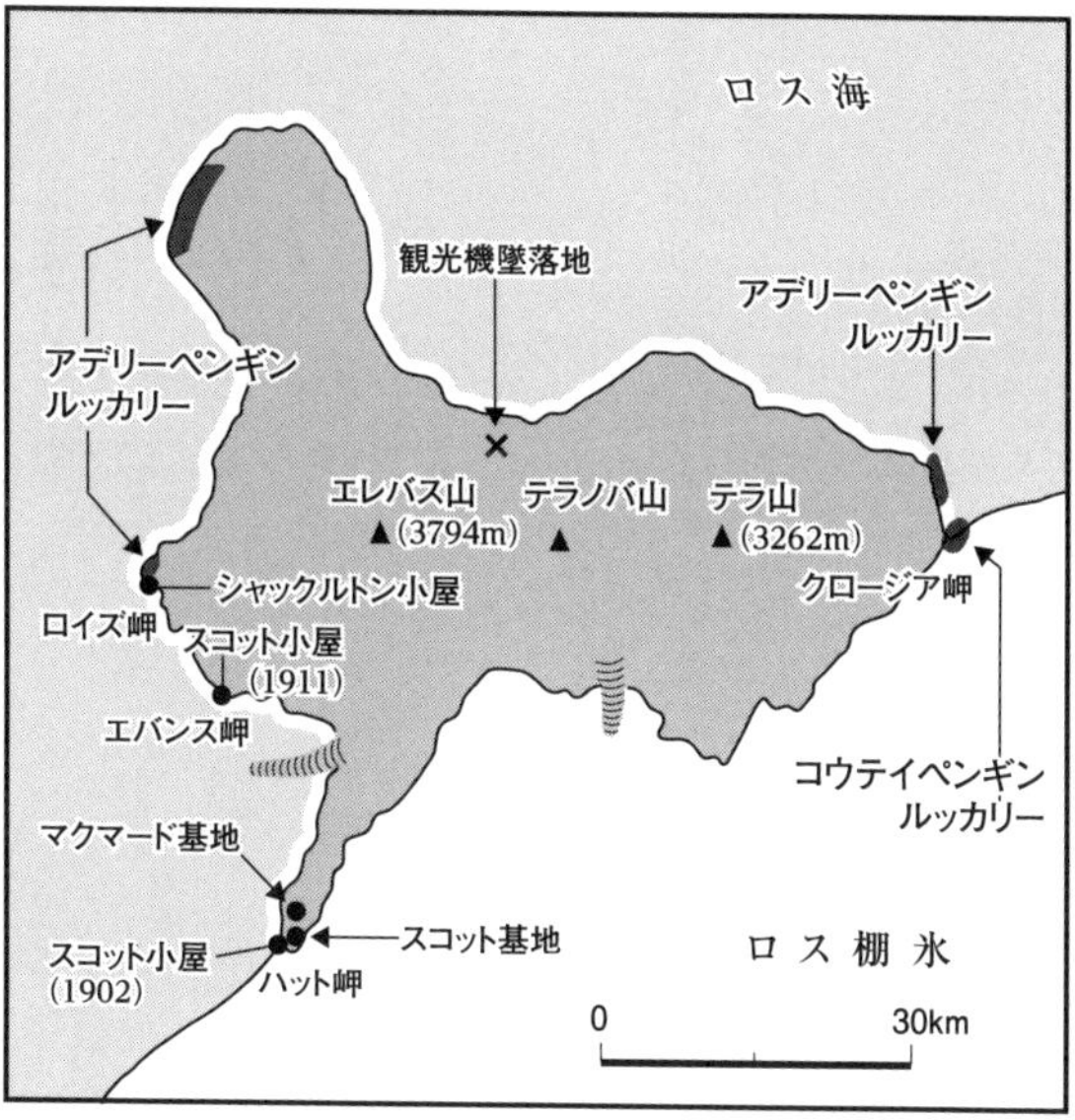

ロス島の概念図

から四十数年が過ぎ、エレバス山は再び天気さえ許せば毎日人々の目に入るようになった。

一九五七年当時は、エレバス山の山頂から噴煙は見られなかった。しかし、一九七〇年代以後は噴火活動が続いている。白くたなびく噴煙は東に流れ、高度の低い陽光を浴びて、その白い斜面の陰影をくっきりと見せているテラー山の上にまで延びている。中央にあるテラノバ山は一段と低く、父親のエレバス、母親のテラーに挟まれた親子三人の姿を連想させ、ほのぼのとした美しさを見せている。東西に並ぶ、この三つの山がロス島の中心で、東西、南北ほぼ五〇キロメートルの三角形の火山島である。

ロス島北側のロス海は、夏には海氷がほとんど消えて海水面となり、南側にはロス棚氷が広がっている。第一回スコット隊はロス隊が発見してから六十一年後の一九〇二年一月二十一日に初めてこの地を訪れ、上陸した。スコット隊の建てたハット岬の小屋も、ビンスを追悼する十字架も、百年以上の風雪に耐え、現在も保存されており、南極の史跡になっている。

4　南極の領土権

南極の領土権は第二次世界大戦が始まるころには、主張すべき地域はすべて主張されていた。イギリス、フランス、ノルウェーは探検の実績によって、オーストラリアとニュージーランドはイギリスの実績を引き継ぐ形で自国の南の領域に入る南極大陸を領土と主張している。アルゼンチンとチリはそれぞれスペインから独立する時、スペインの有していた権利を継承すると主張し、やはり自国の南、南極半島を中心にそれぞれ権利を主張していた。南極半島付近は探検の実績から領有を主張するイギリスと、スペインの権利を継承するというアルゼンチンとチリが、重複して主張している地域があり、紛争の種になっていた。

アルゼンチンとチリは南極にもっとも近い国なので、自国と南極の領土を含めた地図を発行している。南アメリカ大陸だけでもチリは南緯一八度から南緯五五度付近まで、南北の長さがおよそ四一〇〇キロメートルあるのに対し、東西の幅は四〇〇キロメートルと細長い国である。南極まで表示するとなると南北は八〇〇〇キロメートル、東西はその二〇分の一の幅だから、全国土を示す地図は少なくとも二つ折りから四つ折りになっている。

両国ともIGY以後も領土問題に関しては互いに譲らないようで、アルゼンチンはエスペランサ基地、チリはマーシュ基地に一般市民（実際には軍人の家族）を住まわせ、子供を出産させ、南極生まれを強調し、領土権主張の宣伝の一つにしたりしている。したがってそれらの基地には銀行や学校も併設されているし、国政選挙の時は南極で投票もできる。私は本国へ帰国した人が、国政選挙のためにわざわざ南極に来て投票する現場に遭遇したことがある。

南極半島の北西側に位置するサウスシェトランド諸島のデセプション島は、海底火山の頂上が海面上に現れた火山島で、現在は南極観光の目玉の一つとなっている。この島はイギリス、アルゼンチン、チリが領有を主張している。互いに領有を主張する金属プレートを建てたり、それを撤去したりと小競り合いが繰り返されていたが、一九五二年にはイギリスとアルゼンチンの軍艦が鉢合わせして発砲事件まで起きている。

ノルウェーは第二次世界大戦前、南極にも進出してきたドイツを牽制する目的から、一九四二年に西経二〇度から東経四五度までの海岸付近を自国の領土と宣言している。他の領土権主張国が海岸から南極点まで扇形に領有を主張しているのに対し、ノルウェーは比較的海岸の近くだけを自国の領土としている。日本の昭和基地はこのノルウェー領の中に位置している。オスロの博物館では、ノルウェーの最高峰は南極のセールロンダーネ山脈の中にあると説明してあった。

エレバス山のあるロス島やロス海、ロス棚氷など、スコットやアムンセン、白瀬の活躍した舞台はすべてニュージーランドが領有権を主張している。東経一六〇度から西経一五〇度までの海岸線から南極点までの扇形の領域を「ロス属領」と呼び、「Ross Dependency」と記された切手も発行されている。

アメリカは捕鯨船や探検隊の活躍で南極への貢献が大きいのに、領土権は主張していない。氷の大陸ではそこに潜在する資源を開発して利用する可能性が低く、経済的な効果が望めないとの判断からだ。ロシアもベリングスハウゼン隊による大きな実績があるのに、ソ連になってからも南極の領土権は主張しなかった。

5 南極条約

ＩＧＹは第二次世界大戦後初めて、地球物理学の分野の国際協力が実施されたものだ。日本では南極観測への参加を、科学オリンピックへの参加として歓迎した。未知の大陸のベールをはがすには、領土権を主張している国々も国際協力の必要性は理解し、平和のなかで実施されていった。しかし、世界の天気予報の精度を向上させるためには南極での気象観測が不可欠だと理解したように、多くの分野で観測の継続が要望され、各国の南極観測が恒久的な体制をとり始めると、そこには当然、領土問題を含め国際的な政治問題が浮上してくる。

例えば日本の昭和基地はＩＧＹの期間に設けられた臨時の基地のはずだったが、そのまま恒久的に維持するとなると、ノルウェーから見れば日本に自国の領土を侵害されていることになる。また領土権を主張している国が自国の領土だからといって、軍事基地を設けたり、核実験をしたら、未知の大陸はたちまち荒廃してしまう。

アメリカは自国の科学者らの要望を受け入れ、南極の平和利用を目的とした条約を結ぶことを、南極観測に参加していた一一か国に提唱した。条約の討議が重ねられた結果、一九五九年十二月一日、南極条約が各国の代表により署名された。この南極条約は署名した各国政府の批准を受けて、一九六一年六月二十三日から、三十年間の期限付きで発効した。一九九一年六月、三十年の期限を過ぎても条約に加盟しているどの国からも異論が出ず、そのまま継続して現在に至っている。

南極条約は南緯六〇度以南の全域に適用され、その骨子は次のようなものだ。

①南極地域は平和的な目的にのみ利用する。いかなる軍事的な目的の利用も認めない。

②ＩＧＹで実現した、南極地域における科学調査の自由、そのための国際協力は継続する。
③科学的調査についての国際協力を推進するため、その計画についての情報交換と科学者の交流と情報の交換を推進する。
④すべての領土権や領土請求権を条約の期間中は凍結する。
⑤南極大陸における原水爆実験や核物質の廃棄を禁止する。
⑥条約加盟国は自由に他国の基地を査察できる。

南極条約は一二か国で締結されたが、二〇一八年時点で五四か国が加盟している。

南極条約を実りあるものにし、継続していくために、条約に加盟している国々の中で南極観測を実施している国が中心になって「南極条約協議国会議」を定期的に開き、南極で発生する諸問題に対処している。

日本がこの条約を遵守している限り、日本人の南極大陸内での活動は自由だ。

私はこの条約に守られて、マクマード基地やスコット基地に滞在して調査や研究ができた。エレバス山頂の小屋にも滞在してエレバス山の調査ができたのは、国際協力の一つの典型である。

どこの国の基地を訪れるにも、その国のビザは不要だし、基地内の施設は自由に見せてくれる。科学観測にもっとも必要な平和と国際協力は、南極観測では立派に実現されている。加盟各国が南極条約を守る限り、南極はいわば国際社会における現代の理想郷であり、私は「政治的なパラダイス」と呼んでいる。

南極では一九七〇年代から周辺海域の天然ガスや石油が注目され、大陸の鉱物資源も話題になるようになった。また伝統的にアザラシの狩猟にも関心が持たれていた。南極海では観光船が大規模な石油流出事故を起こし、観光客も増加している。このような時代背景から、南極を包括的に保護して守るために「環境保護に関する南極条約議定書」が一九九一年に採択され、各国の国内法の整備を経て一九九八年一月十四日に発効した。

議定書には次の五つの付属書がある。

①環境影響評価
②南極の動物相及び植物相の保存
③廃棄物の処分及び廃棄物の管理
④海洋汚染の防止
⑤特定地区の保護及び管理

条約の発効に伴い、日本の南極観測隊もその活動はすべて確認申請書を記載し、環境省に提出して「南極地域活動行為者証」を受け取らねばならなくなった。

私がエレバス山の観測調査を実施したのは、議定書が発効するはるか前で一九七〇年代後半から一九八〇年代だったが、そのころからすでにアメリカ隊やニュージーランド隊では「南極に持ち込んだものはすべて持ち帰れ」を基本としていた。エレバス山の山頂にも一〇日間ほど滞在したことがあったが、すべてのゴミはもちろん、大小の人間の排泄物も基地に持ち帰っていた。

第五章　エレバス山の調査

1　マクマード火山群

ＩＧＹではマクマード入り江周辺や、ロス島の測量や地質調査が精力的に進められた。このような野外調査にまず必要なので、測量により地形図が作成されていった。そこで明らかになったのは、火山島だろうと考えられていたロス島はもちろん、マクマード入り江周辺には多くの火山が点在することだった。それらの火山を総称してマクマード火山群と呼んでいる（第一章5参照）。

この付近の噴火口群は岩石の年代測定から、数十万年から百万年前の火山活動によって形成されたものだと分かっている。全体が氷河で覆われ、雨も降らず植生もない地域なのでほとんど浸食を受けず、日本で現在活動している火山と同じように噴火口の形がきれいに保たれている。

マクマード基地の背後、スコット基地へ行く道の南側には高さ一〇〇メートルほどの溶岩の丘が残っていて、現在はオブザベーションヒルと呼ばれている。頂上からは二つの基地の建物群をはじめ、ロス棚氷、エレバス山やテラー山などを含むロス島全体、さらにはマクマード入り江を挟んで大陸の山々が遠望できる、いわば観光スポットになっている。第二次スコット隊では、留守を預かった人々がエバンス岬からやってきて、丘に登ってはるか南を見てスコットたちの無事の生還を祈念していた場所である。頂上には五人を悼む十字架が立ち、南極史跡となっている。

ハットポイント半島の南三〇キロメートルにあるホワイト島、ブラック島は、それぞれの島の地形の関係で、東側のホワイト島は島全体が氷河で覆われて文字通り白く見えるのに対し、西側のブラック島は玄武岩質の黒っぽい火山噴出物が露出しており島全体が黒く見え、その最高点の山はオーロラ（一〇四一メートル）と命名されている。

マクマード入り江の真南、正面に位置するディスカバリー山は、日本人にとっては「マクマード富士」と呼びたくなるような山である。すでに述べたようにその北側山麓にはかつて噴火で発生したと思われる泥流のような堆積物が広がっている。ロス棚氷の上に広がった堆積物は、おそらく流出後数百年は経っているだろうが、棚氷の上に氷漬けのような状態で維持され、その色の違いからすぐに確認できる。

デイリー諸島は小さな火山島が七つ並んでいる。七つの島がまとまっていることから、海底では一つの大きな火山の可能性がある火山島群である。どの島も、頂上部にはすり鉢状の噴火口が浸食されることもなく、形よく残っている。これらの火山群も活動時期は数十万年前と推定されており、現在は活動していない古い火山である。

エレバス、テラー、テラノバ、ディスカバリー、モーニング、オーロラなどはすべて、かつてこの地を訪れた探検隊の船を記念して命名されている。

2 エレバス山の頂上

IGYでは野外調査が可能になる十月下旬から、マクマード基地やスコット基地ではエレバス山の調査も始まった。まず地形図作成のための基準点測量が行われた。現在はGPSを使えば簡単に地球上のどの地点でも、その場所の緯度、経度、標高が分かる。しかし一九九〇年ごろまでは、ある点の位置や高さを決める測量は大変な作業だった。

エレバス山体内のあちこちに、測量のための基準点が設けられた。作業にもヘリコプターが使われるようになり、山頂への道も開けた。このような苦労の末、エレバス山やロス島の地形図もニュージーランド隊やアメリカ隊によって完成した。

エレバス山の山頂には大きさが五〇〇メートルから六〇〇メートルのやや楕円形をした主火口がある。その火口縁の高さは三七二〇メートルから最高点の三七九四メートルで、火口の深さは一五〇メートルである。最高点は火口縁の南側にある。

火口底の北側には直径二〇〇メートルの内側火口が存在する。また主火口の南西側に火口縁から張り出すように長さ三〇〇メートルほどの側火口が延びている。その側火口の下部の標高は三〇〇〇～三二〇〇メートルで、山体全体のいわゆる肩に相当して、その上に中央の火口丘が形成されて噴火口がある。北側は肩の部分がやや長く、その端にはファングリッジと呼ばれる外輪山が残っている。北側の端とファングリッジとの間が谷状になり山麓へと続いている。

エレバス山の火口縁の氷塔

エレバス山の中央火口

一九〇八年のシャクルトン隊はこのルートを通って初めてエレバスの山頂に登った。

エレバス山頂にはあちこちに地熱地帯が存在している。地熱地帯で噴出している噴気はすぐ凍結するので、氷搭が形成される。噴気が出続ける限り氷搭は成長を続けるので、三〜五メートルの高さにまで成長した氷搭が並んでいる。

南西側の側火口の末端には、観測小屋が設けられている。その近くにも温度の高い地帯があり、また溶岩トンネルもある。溶岩トンネルの一つは中が高温のため、調査で山小屋に滞在中はサウナ風呂も楽しめた。南極の標高三〇〇〇メートルを超す地点での、屋外サウナである。

私が滞在していた時、地熱地帯ではスコット基地の隊員がクリスマスイブの晩餐用に、ニュージーランド・マオリ族の郷土料理であるハンギを作ってくれた。ハンギは豚の腹の中へ野菜や米を入れて蒸し焼きにしたものである。前日から用意したと言っていたが、小型の豚一頭が蒸し焼きにできるだけの熱い地熱があるのだ。

3　溶岩湖の出現

IGYから一九六〇年代まで活動を停止していたエレバス山は、久しぶりに沈黙を破った。一九七二年十二月、山頂を訪れたニュージーランドの火山学者たちが、エレバス山の内側火口に溶岩湖が出現しているのを確認した。一九七三年十二月に訪れた時には、溶岩湖は拡大して内側火口全体を満たしていた。しかも、火口周辺の火孔からは時どきボカーン、ボカーンと小さな爆発を繰り返すストロンボリ型の噴火が起こっていた。ストロンボリ型噴火とは、地中海にあるイタリアのストロンボリ島が、一定間隔で同じような小規模の爆発を繰り返すことからつけられた、噴火形式の呼び名の一つである。このような噴火を繰り返すことからストロンボリ島は「地中海の灯台」と呼ばれている。

エレバス山の溶岩湖の様子を観察できるのは、年間を通じても十二月前後の一か月間のうち、長くても一〇日から二週間程度である。これが、天候も安定して山頂への滞在ができる最長期間なのだ。ただ滞在していても、同じ噴火の繰り返しだけでは新しい情報は得られない。普段は白煙を上げているが、煙に色が付くと新しい形の噴火ではないかと確認のために、ヘリコプターで空中から観察することもあった。ただし、ヘリコプターでは火口の上空を飛ぶことはできず、山頂に一〜二泊滞在して、すぐ基地に戻るというような形でしか、調査はできない。少なくともニュージーランド隊では毎年このような調査を繰り返しており、私にも情報を提供してくれていた。その後私自身が調査に参加するようになっても、山頂では同じような姿が続いていた。

内側火口内に出現した溶岩湖は長径一〇〇メートル、短径六〇メートルの楕円形で、消長を繰り返していた。火口壁も氷か雪がへばりついて白い縦じま模様になっているところもあるが、逆に壁全体に黒い溶岩が露出し、その間からも噴気が昇っている部分もある。

内側火口に出現した溶岩湖には、地下から少なくても二本あるいは三本の火道があるようで、常に五〇メートルほど離れた二か所が盛り上がり、溶岩が噴出していた。湖面全体は黒っぽく見えているが、その黒い面に赤い筋が入りボワーンと灼熱の溶岩が吹き出す。その高さは数メートル程度で、噴出した溶岩はしばらくすると赤が消えて黒っぽくなる。夏とはいえエレバス山の頂上付近の気温はマイナス三〇℃で、灼熱の溶岩もすぐ一〇〇〇℃以下に冷えてしまい、湖面は黒っぽくなってしまう。

そのころ、溶岩湖出現の前から毎年山頂に出向いてエレバス山の火口内を観察していたニュージーランドの火山学者の意見では、地下のマグマだまりと溶岩湖の間を溶岩が循環しているのだろうということだった。循環がなければ溶岩は内側火口からあふれ出すはずだが、あふれ出ることとなく、しかも冷えて固まらず、いつも流動性の高い溶岩が存在し続けているのは、確かに溶岩湖から地下深部のマグマだまりに溶岩の逆流がないと説明できない。

内側火口の周辺には複数の火孔が存在している。その孔の底は赤く見え、数メートル下にはマグマが存在していることが分かる。そして、その火孔から時どき噴煙を伴った爆発が起こっていた。噴煙の高さは高くても火口縁の上一〇〇～二〇〇メートル程度なので、火孔からの高さも五〇〇メートル前後だった。突然、数十メートルしか離れていない目の前に、シューと音を立てながら噴煙が昇ってきて、分かってはいても肝を冷やしたことが何回かあった。

一九七〇年代のエレバス山の火山活動は、溶岩湖の存在と、それを維持するマグマの循環、さらに溶岩湖周辺の火孔からのガス噴出のような噴火だった。全体としてはボカーン、ボカーンと噴火を繰り返すストロンボリ型の活動である。

4 エレバス山の仲間

エレバス山の火口内に溶岩湖が十年以上の長期にわたり存在するのは、世界でも珍しい現象である。エレバス山の溶岩はすでに何回か述べてきたように、玄武岩質溶岩で、高温で粘性が低いという特徴がある。粘性が低いので流出した溶岩は流れやすく、全体に平坦な火山地形が創出される。地球上には溶岩湖が数年間、あるいは十数年間、さらにはそれ以上存在している火山は、エレバス山のほかにハワイ島、アイスランド、アフリカのニーラゴンゴとニムラギラ（火山体としてはこの二つは一つの火山）だ。

ハワイの火山、特に現在活動を続けているハワイ島（北緯一九度、西経一五五度）はマウナケア（四二〇六メートル）、マウナロア（四一六九メートル）と呼ばれる二つの四〇〇〇メートルを超す火山体が中心である。この二つの火山は典型的な盾状火山で、西洋の盾を伏せたような形から命名された火山地形である。のっぺりした山体なので四〇〇〇メートルの高山という感覚なしに眺められている。

ハワイで二十一世紀に入っても溶岩を流出している火山はキラウエアである。ハワイ島の南東部に位置するキラウエア火山は、噴出した溶岩流が広く溶岩原を形成し、その末端では流れ出た溶岩が海に落ちる溶岩の滝が見られ、大きな観光資源になっている。溶岩は山頂の噴火口ばかりでなく、周辺の火口原やその外側の集落からでも噴出している。流れ出てきた溶岩によって燃える家屋があるばかりでなく、自分の家の庭先が割れて、そこから溶岩が噴出するということも珍しくない。

すでに述べたようにハワイ諸島はすべてホットスポット型火山である。出現した島は太平洋プレートに乗って西の方向、つまり日本列島の方へ現在でも一年に一〇センチ程度の速さで動いている。プレートの移動によって地球深部からの噴出口から離れると、島の火山活動は終わり、次の場所に新しい火山島が形成され始める。その繰り返しで、現在は最東端のハワイ島が活動している。しかもハワイ島でもっとも活動しているのは南東側のキラウエア火山で、島全体が地球深部の溶岩湧き出し口から西の方に移動しつつあることを示唆している。

二〇一八年三月、それまでは火口内に赤い溶岩が見える程度だったキラウエア火山が、活動を開始した。地震が発生して火口縁にあるジャガー博物館や観測所周辺にも亀裂が入った。五月四日には火口の南東側の集落から噴火が始まった。約一週間の間に十数個の噴火口が出現し、流れ出した溶岩は海へと流れ下って行った。観測所の推定では六月二十五日までに流出した溶岩は三〇〇億ガロン（およそ一一四〇億リットル）という膨大な量であった。八月には活動は終息に向かい、九月には完全に終息した。直径が一キロメートルだった中央火口は三キロメートルに拡大していた。この期間に観測された地震の総数はおよそ六万回であった。キラウエアの南東斜面は「チェーン・オブ・クレーター」と呼ばれるように、噴火口が並び噴火を繰り返してきたが、この時の活動もその延長線上であった。およそ七〇〇軒の家屋が崩壊したが、住民はもともと土地が安いので、このような危険があることを承知で居住している地域である。

そのような噴火形態はすべて流れやすい玄武岩溶岩に起因している。割れ目から溶岩が噴水のように噴き上がる大自然のスペクタクルが見られる。噴出し川のように流れる溶岩が見られる火山は世界的にも珍しく、日本国内の火山ではほとんど例がない。

キラウエア火口周辺の玄武岩質の溶岩原は、月の表面に似ていることから、アメリカの宇宙飛行士の訓練場所にもなっていた。ハワイ出身の日系宇宙飛行士で、発射直後に宇宙船が爆発して帰らぬ人となったオニヅカ宇宙飛行士も、この溶岩原で訓練を受けた。彼を記念して、天文台の並ぶマウナケア山頂への登山路の二八〇〇メートルの地点には「オニヅカステーション」が設けられており、天文台に勤務する人たちは必ず三十分間は休んで高度順化をする休憩所になっている。観光客用の施設もあり、夜には星を見るツアー客でにぎわう。

アイスランド（北緯六五度、西経一八度）もハワイ島と同じように、全島が火山で構成されている火山島である。アイスランドはエレバス山やハワイ島と異なり、ユーラシアプレートと北米プレートの境界に位置する火山であることはすでに述べた。島の低地はほとんど溶岩原で、時代の異なる噴火で噴出した溶岩流が重なり、段差ができた地形のあちこちで滝が見られる。また点在するギャオ（亀裂）は幅が一〇〇メートル以上ある割れ目もあれば、人がまたげる程度の割れ目もある。北に向かって割れ目をまたぐと、「右足（東側）がユーラシアプレートに、左足（西側）が北米プレートに乗っている」などと説明されるが、実際はプレート境界には幅があり、アイスランドそのものがプレート境界と言えるので、たとえ割れ目をまたいでも二つのプレートに乗っているわけではない。

アイスランドには「ガイサー」と呼ばれる間欠泉がある。間欠泉はほぼ同じ時間間隔で地下から熱湯が噴き出す、火山地帯の名所の一つである。間欠泉の英語名は「ガイサー」で、アイスランドの間欠泉の固有名詞が普通名詞になっているのだ。

アフリカのほぼ中央のコンゴ民主共和国にあるニーラゴンゴ（南緯一・五度、東経二九度、三四六九メートル）や、その北隣のニアムラギラ（南緯一・四度、東経二九度、三〇五八メートル）はアフリカではもっとも活動的なホットスポット型火山である。ともにビルンガ火山群に属し、ニーラゴンゴは二〇〇二年一月には溶岩が近くの町にまで流入する噴火が起こり、ニアムラギラは山頂に溶岩湖が長期間存在することで知られ、一九九四年には十一年ぶりに溶岩湖が出現した。

興味深いのはエレバス山を含みこれら四つの火山が地球の中心からの角距離がほぼ九〇度で地球の大円上に並ぶことであるが、これはすでに述べた（第一章4参照）。

第六章　国際プロジェクトで火山観測

1　予備調査

一九七九年十一月、それまでマクマード基地やスコット基地、さらには西側の山麓から眺めているだけだったエレバス山に私もようやく登れる機会が訪れた。エレバス山を初めて見てから五年、この山の火山活動を解明したいとの念願がかない、国際共同観測の形をとるための予備調査をすることになったのだ。

パートナーはアメリカ・アラスカ大学、ニュージーランド・ヴィクトリア大学の火山研究者たちで、ヴィクトリア大学の研究者とは一九七四年以来、スコット基地やマクマード基地で一緒になり、意見を交換していた。その結果、共同観測の気運が醸成されていったのだ。アラスカ大学の研究者はヴィクトリア大学の研究者を通して参加することになった。アラスカでの観測実績のある彼らは、低温の地域での観測経験が豊富だった。

私たちは十一月下旬から約一か月間を調査に充てる予定でいた。約三週間エレバス山頂に滞在して、噴火活動を観察するとともに、地震計を臨時に設置して、地震活動の様子も調べる。またヘリコプターでエレバス山を中心にロス島内を飛び、地震計が設置可能で、スコット基地までデータを送る電波が届く場所があるかなどを調査することにしていた。

私たちの間では話し合いも順調にゆき、十一月三十日から野外調査を始めて、十二月五日ころからエレバス山頂に滞在する予定を立て、ヘリコプターの使用計画も出来上がっていた。この年の十一月二十九日は、アメリカのバード少将がロス棚氷から南極点へ初めての往復飛行を成功させてから五十年の記念式典がマクマード基地で行われる予定で、私たちの野外調査はその後に開始することになっていた。

ところが、式典前日の十一月二十八日、ニュージーランド航空の南極観光機がエレバス山北麓に墜落、乗客乗員二五七名全員が死亡する事故が起こった。犠牲者には日本人観光客二四名も含まれていた。観光機は二十八日十二時五十分の交信を最後に連絡が途絶えたが、翌日の午前一時三十分ごろ、捜索に協力した夏季のみ運航される定期便の飛行機によって、エレバス山北麓斜面の標高五〇〇〜六〇〇メートル付近に墜落していることが発見された。この事故処理のため、マクマード基地のヘリコプターは総動員されることになった。そのためにヘリコプターを使う野外調査はすべてできなくなり、延期か中止を余儀なくされ、私たちの調査も約三週間延期となった。

日本からは私一人の参加なので、ニュージーランドのフィールドアシスタントが私をサポートしてくれることになっていた。彼はアルピニストでもあり、ニュージーランドの最高峰・マウントクックにも複数回登頂しており、ガイドブックも出していた。マウントクック

高度順化のキャンプサイト

の山頂は氷に覆われており、頂上に立つにはアイスクライミングの技術が必要とのことだった。彼はクライストチャーチのカンタベリー大学で修士の学位を取得したが、その内容は「南極の政治」を扱ったニュージーランドでは最初の論文で、南極条約に守られた南極の国際的な環境について論じていた。

彼がアシスタントについてくれたことで、私は調査に専念できた。私たち合計八名は十二月二十日に標高二八〇〇メートルのファングリッジに飛び、ここで三日間キャンプし、高度順化をした。滞在中、外輪山に当たるファングリッジから北側を眺めると、下の方に航空機事故の現場が細長い黒い帯となって見えていた。

フィールドアシスタントとのテント生活は楽しかった。キャンプでの食事はそれぞれのテントごとにすることになっていた。彼の料理はすべてニュージーランドの登山隊のやり方で、うまいまずいは別として、楽しい時間を過ごすことができた。ファングリッジにも地震計を設置したかったが、スコット基地からは山の反対側になるため、電波事情が許さず、断念した。

二十三日には三二〇〇メートルの小屋のキャンプサイトに、ヘリコプターで飛んだ。ここでも宿泊はそれぞれのテントでするが、小屋にはストーブがあっていつでも暖かい飲み物が飲めるようになっていた。食事は小屋の中で全員が一緒にとった。大体はニュージーランド人の誰かが作ってくれていた。

たまたま頂上キャンプに着いた次の日がクリスマスイブだった。山に行く前から、山に行ったら一度は日本食を食べさせてくれと言われていたので、私は寿司を作ることにしていた。寿司といってもネタがいろいろあるわけではない。炊き上げたご飯に粉末のすし酢を合わせ、握りずしにして乗せるネタはモソニーというタラの仲間の魚を使った。この魚は生物の研究者たちが、毎日大きな仕掛けでマクマード入り江の海氷上に開けた穴から釣り上げていた。

調査目的によっては魚肉が余るので彼らは冷凍にしたり、燻製などにしていた。日本人がマクマード基地に行くようになってからはしょうゆとわさびを持参し、彼らにプレゼントするとともに刺身用に魚をもらっていた。当時はアメリカで日本のしょうゆメーカーがようやく現地工場を建設したころで、日本のしょうゆは一般的ではなかった。

モソニーは白身の魚だが、ものすごく脂が多く、マグロのトロの感覚で食することができた。それに生ハムなども寿司ネタにした。高圧窯で炊いた御飯はもちろんベストではないが、とにかく珍しいので好評だった。一人で一〇〇個ぐらいの寿司を握ったクリスマスイブであった。

滞在中は火口縁の様子を調べたり、噴火の様子を観察したりした。エレバス山体にはアノーソクレスと呼ばれるガラス質の鉱物が噴出している。日本の火山でも見られるようだが、エレバス山のアノーソクレスは単結晶の大きさが数センチ、中には一〇センチぐらいあり、極めて珍しく、日本の岩石の研究者にはよい研究サンプルとして土産になった。

一週間の調査ののち、十二月三十日の夕方、急にヘリコプターが飛ぶことになって、マクマード基地に戻った。私たちは遅れていた予定を取り戻すべく、山頂滞在中はかなり精力的に活動したので、目的は達していた。しかし、基地に戻るのは年明けと覚悟していたのが、新年を基地で迎えさせてやろうという関係者の配慮で、急遽戻ることになったのだ。マクマード基地でのんびりと正月を迎えられるのもよかったが、南極の三〇〇〇メートルで新年を迎えられるのは一生に一度の経験になるだろうとの期待もあり、正直、残念な気持ちもあった。

予備調査の結果、私たちはそれぞれの役割分担を確認し、次のシーズンから「エレバス火山の地球物理学的研究（ＩＭＥＳＳ）」というプログラムを、三国共同で発足させることになった。

2　地震観測

日本の役割は地震観測点の数を増やし、最終的には一〇～一二点の地震観測網とすることだった。アメリカは日本の地震観測点のデータを記録し、スコット基地に送信するシステムを日本と共同で設置する。この電源は、当時少なくとも日本ではまだ一般にはあまり普及していなかった太陽光発電を使うことにした。ニュージーランドは日本の地震記録装置をスコット基地に設置し、越冬隊が年間を通して保守管理し、また可能ならば山頂の火口縁にＴＶカメラを設置して溶岩湖からの溶岩の噴出や爆発の様子を記録する。このような基本方針で観測を始めることにした。

一九八〇年十一月から一九八二年三月まで、私は昭和基地で過ごさねばならなかった。各国に先駆けて、南極で大規模な人工地震観測を昭和基地近辺で実施する計画を進めていたのだ。この計画は、私が第八次隊で初めて越冬した時から、いつかは南極でやらなければいけないと考えていたものだ。表面が雪氷に覆われた氷の大陸である南極大陸の地下がどうなっているか、その構造の解明は当時の南極の地球科学では大きな研究課題だった。

そのためには短くても三〇〇キロメートルの側線（測量などで隣接する点を結ぶ線）上に、地震計を十数台は並べて、その両側で数百キログラムから一トンのダイナマイトを爆発させる必要があった。東大地震研究所から極地研究所に移った当初からの課題で、一九七九年からようやく具体的な検討がなされ、いくつかの小規模爆破を実施しながら、一九八一年一月に、最後の大規模爆破を実施することになっていた。エレバス山の観測はとりあえずほかの人たちに任せて、昭和基地で越冬することにした。

一九八二年三月、昭和基地から帰国後にエレバス山で得られていた地震データを見て、予想通りエレバス山は地震活動が活発な火山であることが分かった。体制を整えて一九八二年十月、マクマード基地に飛んだ。一九八〇年から、毎年三名の日本の研究者や観測者がマクマード基地に滞在していたし、その予算も極地研究所内で確保されていた。

私が驚いたのは太陽光発電の有用さだった。すでに述べたようにロス島では四月下旬から八月下旬までの四か月間、極夜になる。太陽は一日中現れないばかりか、二〇時間以上は暗黒の世界だ。当然太陽光での発電はできない。それでもバッテリーの容量を可能な限り大きくしておくと、地震データはスコット基地に送り続けられていた。しかし、それも三か月が経過すると電気の容量はなくなり、七月中旬には記録はできなくなっていた。真冬のエレバス山の気温はマイナス五〇℃を下回っている。そんな中でバッテリーは完全に放電してしまう。

ところが八月下旬に太陽が戻ってくると、再び充電が始まり、九月末から十月の初めには、どの観測点でも記録が再開されていたのだ。気温マイナス数十℃という極寒の自然環境で完全に放電してしまったバッテリーが、まだ真冬の南極の弱い太陽光のもとで再び充電され、記録の送信を始めるのはすごいことだと感じた。太陽光発電の有用性を再認識させられた。

フーパーショルダー (HOO)の観測点で観測機器の保守点検をする

極低温下で完全放電した太陽電池が再び働き出すことを、日本の地震学会や火山学会の発表会の席で話したが、聴衆の反応はほとんどなかった。電池に関する知識が私よりあり、当たり前だと思ったのか、あるいは南極の自然環境を十分に理解していない人たちだからだったのかは分からない。太陽光発電の普及が始まったのは、それから間もなくである。

アラスカ大学の研究者の話では、太陽光発電のシステムは南極の方が真冬のアラスカよりも使いやすいという。なぜなら、南極では低温と強風のためソーラーパネル（太陽電池板）の上に雪が付きにくいからだそうだ。アラスカではパネル表面に雪が付着して、発電効率が悪いとのことだった。

一九八二年十月、マクマード基地に到着した私たちは、すぐにスコット基地に置いてあるモニター用のレコーダーにどんな地震が記録されているか、また各観測点の地震を記録している磁気テープを再生して、どんな地震が記録されているかを調べ始めた。

3 南極の地震

私が初めて南極に行ったのは一九六六年で、第八次日本南極地域観測隊の越冬隊地球物理担当隊員としてだった。地球物理担当は地震、オーロラ、地磁気の絶対測定、海洋潮汐の観測を担当する。なかでも地震は専門だったので、出発前にいろいろ調べてみたが、アメリカで一九五四年に発行された地震学の教科書に「南極には火山性の地震は起こっているが、構造性の地震はない」とはっきり書いてあった。

ＩＧＹが始まって、南極大陸でも年間を通して地震観測が行われるようになってから、何人かの地震研究者が南極での地震観測の結果から論文を書いていた。ただどの論文も地震計で観測された記録には、南極で起こる地震が観測されたとの報告はなく、陸上に存在する氷が割れる現象を捉えた氷震の存在が示されているだけだった。

昭和基地で一年間、地震の記録を見続けていた私は、昭和基地の地震記録に、遠方で起こった大きな地震や、いろいろな氷震のほかに、どうも近くで起こった自然地震ではないかと推測される現象が時たま観測されていることに気が付いた。

帰国後、南極の各基地から報告されている地震の記録を集めて解析した結果、私が昭和基地の近くで起こったと考えた地震も、ほとんどは南極大陸内ではなく、インド洋で起こった地震だった。そんな地震が四年間で二四回起こっていた。しかし、ただ一回ではあるが、南極大陸内に震源のある地震が起こったことを突き止めた。

この地震の震源決定には南極大陸内五点の地震観測点のデータが使えた。小さい地震なのに五点の観測点で記録されていたのは、私にとっては幸運であって、とにかくある程度の精度で震源決定ができた。およそのマグニチュードは四・三、南極大陸以外の観測点では記録されない小さな地震である。大陸内に地震が起こったと言えば、すぐ氷震ではないかと疑われる時代だったので、慎重に解析をして、震源の深さは海面下一キロメートル、付近の氷の厚さから考えて、確かに南極大陸の地殻の中で起こった地震だと確信した。

マグニチュード四・三程度の地震は、日本列島ではどこかで毎月何回か起こっているが、南極では極めて珍しい現象であることも明らかになった。

現在では、南極でも日本列島で日常的に発生している構造的地震は起こり、その活動形態は日本の地震活動と同じようであると考えている。ただしその活動度は極めて低く、正確にどのくらいと言えるほどのデータはまだ集まっていないが、感覚的には南極大陸の地震活動度は日本列島の一〇〇〇分の一以下であろうと推定している。その意味は例えば日本では二〇一一年の東北日本太平洋沖地震（東日本大震災：マグニチュード九・〇）は千年に一度程度起こると言われているが、南極ではそのような地震は起こるとしても百万年間に一回程度であることを意味している。

実際に、日本列島周辺を含めた面積に対して、その面積が四〇倍以上ある南極プレート内では、ＩＧＹが始まって以来の六十年間で、マグニチュード七の地震が一回、マグニチュード八の地震が一回起こっている。いかに地震活動が少ないか理解していただけるだろうか。

そのような知識から、エレバス山の地震観測網で記録される地震も、遠方で起こる構造的な地震、近くで起こる構造的な地震、火山性の地震、氷震の四種類であろうと予測していた。

4　基準観測点の選定

最終的には地震は一二観測点で記録されることになったが、全体を議論するためにはどの観測点に着目すべきかを検討した。当然欠測が少なく、できるだけ長い観測期間が得られる

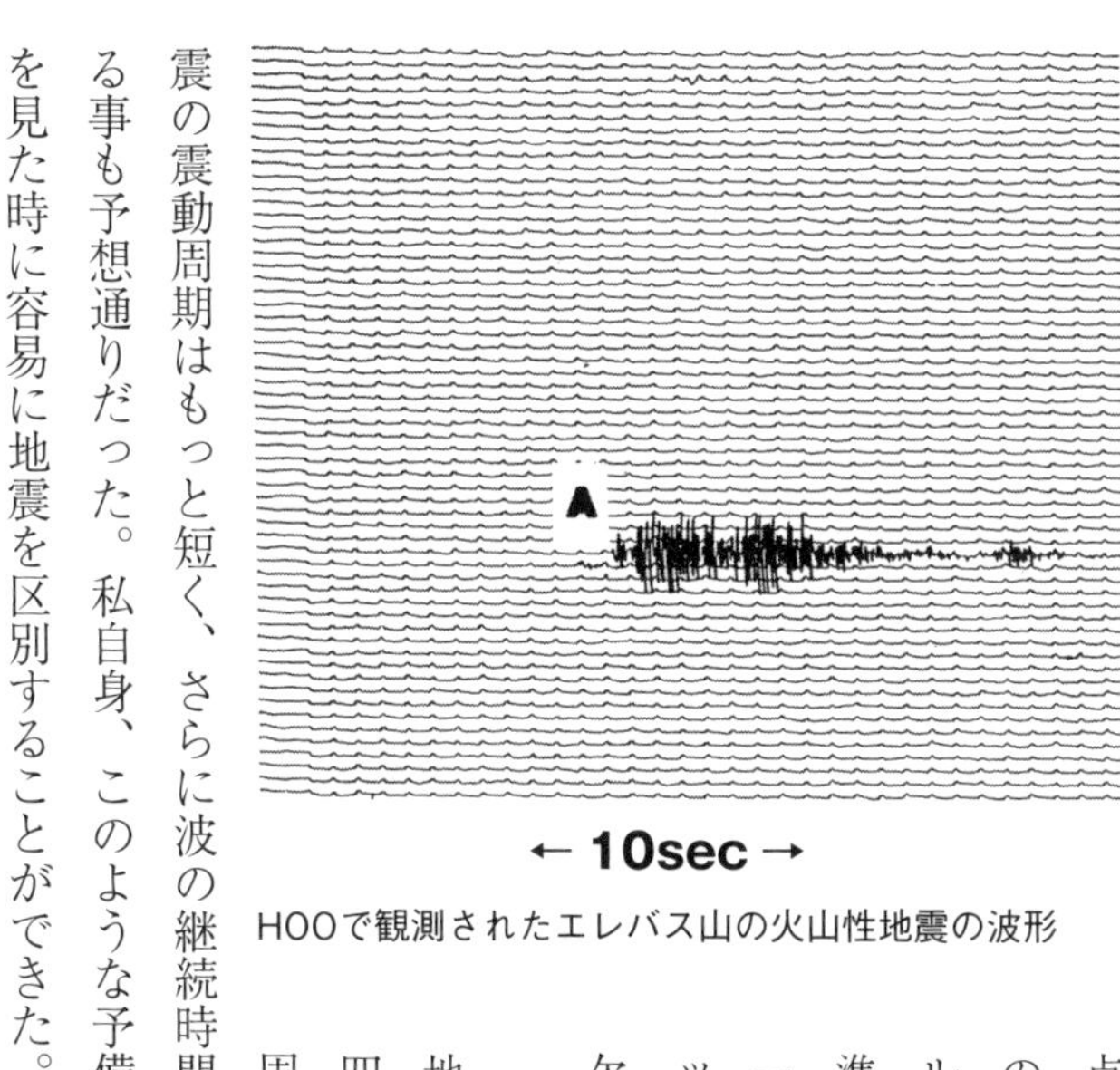

HOOで観測されたエレバス山の火山性地震の波形

点が望ましい。そこで一九八一および八二年の実績から、山頂西側の標高二八〇〇メートル地点のＨＯＯ（フーパーショルダー）点を基準にして調べていくことにした。ＨＯＯ点は一二点の観測点の中では、標高も高く、スコット基地へのデータ送信もスムースにでき、欠測のない観測点である。

予想通りＨＯＯ点では火山性地震、遠方の地震、氷震、近くで起こった構造的な地震の四種が記録されていた。火山性の地震は震動周期が短いので波形全体が黒っぽくなり、氷震の震動周期はもっと短く、さらに波の継続時間も火山性の地震よりも短いという特徴がある事も予想通りだった。私自身、このような予備知識があったので、エレバス山の地震記録を見た時に容易に地震を区別することができた。

コラム5　地震でなく氷震だ

私が南極大陸内を震源とする地震があることを突き止めたことを発表したのは一九七〇年代だった。発表から間もなく賛否両論の反響が起きた。国際会議の場で発表した時に、まずニュージーランドの研究者から指摘されたのは、私が自然地震と決定した現象は地震ではなく氷震であろうということだった。どうも彼はあまり南極の地震には興味がなく、「南極には構造的な地震は起こらない」を信じている人だった。

私が震源の深さが海面下一キロメートルと決めたことに対しても、「あなたは数学を使って地質研究者をだましている」とまで発言していた。それには前段があり、私の地震発生の報告に対して真っ先に反応したのが、イギリスの地質学者だった。当時、私は南極研究の社会では駆け出しで、南極研究における地震観測の認識度や重要度が低いのはもちろん、私自身も地球科学関係の各国の研究者に関する知識もほとんどなかった。

手紙をくれたイギリスの地質学者は当時すでに多くの研究成果を出している人だったが、私は分野が違うこともあり、彼の名前も業績も知らなかった。ただ彼は、

「地震の起こった地域は南極横断山地の中で地質断層が確認されているので、地震が起こっても不思議ではない、大変興味深い報告である」とほめてくれた。

ニュージーランドの地震学者の批判は、このように地質学者が私の研究成果を評価していることへの、批判でもあった。

日本の地震研究者は当時も今も、南極大陸内に地震が起こっても起こらなくても大して興味は持っていない。ただ一部には、たった一回だけの現象で南極大陸に地震があると結論付けるのは早計であるとの批判が出た。これに対しては、南極は地震活動度が低いので、今後観測を続けていけば必ず地震の発生していることを突き止められると答えておいた。

これらの出来事は一九七四～七七年の話で、一九八〇年代後半には、南極の地震活動を論じられる程度にデータが蓄積されてきていた。日本の研究者が中心になって「南極の地震活動」を明らかにしていった。私はようやく南極大陸の地図の上に、南極で起こったわずかな地震をプロットし、「南極の地震活動」を論じることができるようになった。その図は、その後の南極の地震を論ずる基礎資料となっている。

そのころになると、私を批判していたニュージーランドの地震研究者も、南極に地震の起こることを認めるようになった。

彼とは会議のたびごとに会うようになり、英語の下手な私の意見をサポートしてくれることが多々あった。イギリスの地質学者とともに、彼らの定年の一九九〇年代まで親交を重ねることができた。

第七章　分かってきたエレバス山の火山活動

1　地震の回数

エレバス山の地震記象（紙に記録された地震の記録）を見た第一印象は、ずいぶん地震が起っているなということだった。ほぼ年間を通して地震記象が得られている一九八二年を見ると、少なくとも一日に一〇回程度の地震がエレバス山体内で起こっていた。多い時にはその数が数十回を超えていた。三月には一日に一〇〇～二〇〇回の日も現れ、四月三日には一日に四四四回の地震を記録した。この数は二～六月の五か月間では群を抜いて多いので、同じような地震が多発する火山地帯特有の群発地震が起こったと判断できた。日本の火山では群発地震が起こるのは異常の一つで、噴火の兆候の一つである。

五月ごろからは全体の地震数が少なくなっていたのが七月に一度、一日当たり一三一一回を数える群発地震が発生した。一日は一四四〇分だから、平均すれば七〇秒に一回ぐらいの時間間隔で地震が起こっていたことになる。

その群発地震活動が起こってすぐ、地震計の電池の容量がなくなり観測ができなくなったが、九月中旬には回復し、再び記録が得られるようになっていた。そして十月初旬に一日に四五〇回の地震が起こりはじめ、全体としては六月ごろまでの地震活動より活発になり、一日に一〇〇回以上起こる日が多くなった。

一九八三年になると地震活動はさらに活発になった。三月から七月前半までの四か月半の間に合計七回の群発地震が起こっている。三月初旬に発生した群発地震は一日に三五〇回ぐらい起こった後、五七一回、六二一回と三日間では一五〇〇回を超す地震が発生している。三月中旬の群発地震は八九六回、一一九九回、八二八回、五五五回と四日間で三〇〇〇回以上の地震が起きた。さらに六月初旬には二日間で二六〇〇回を超える群発地震だった。

このように一九八三年の前半は地震活動が活発な時期が続いた。七月中旬から十月中旬の三か月間は記録が得られないが、十月中旬には再び記録が得られた。ところが十月中旬から十二月初旬のほぼ二か月間の地震活動は、その年の前半の数分の一程度の低さになっていた。

エレバス山の山頂火口の様子を観察できるのは、研究者が山頂に滞在できる十月下旬から一月までの間の数日間というわずかな期間である。三月から七月の活動の時期は、山頂の溶岩湖の様子は分からない。ただ一九七二年の溶岩湖の出現以来、毎年観察を続けている研究者は、一九八三年の溶岩湖の様子は過去十年間とほとんど変化がないことを確認していたし、私たちも一九八二年十一月から十二月の山頂滞在の観察で、やはり同じような印象を持っていた。すでに述べたように、エレバス山の溶岩湖は内側火口内に存在し、二か所から溶岩を噴き出していた。しかし、溶岩があふれ出していないので、溶岩湖と地下のマグマだまりと

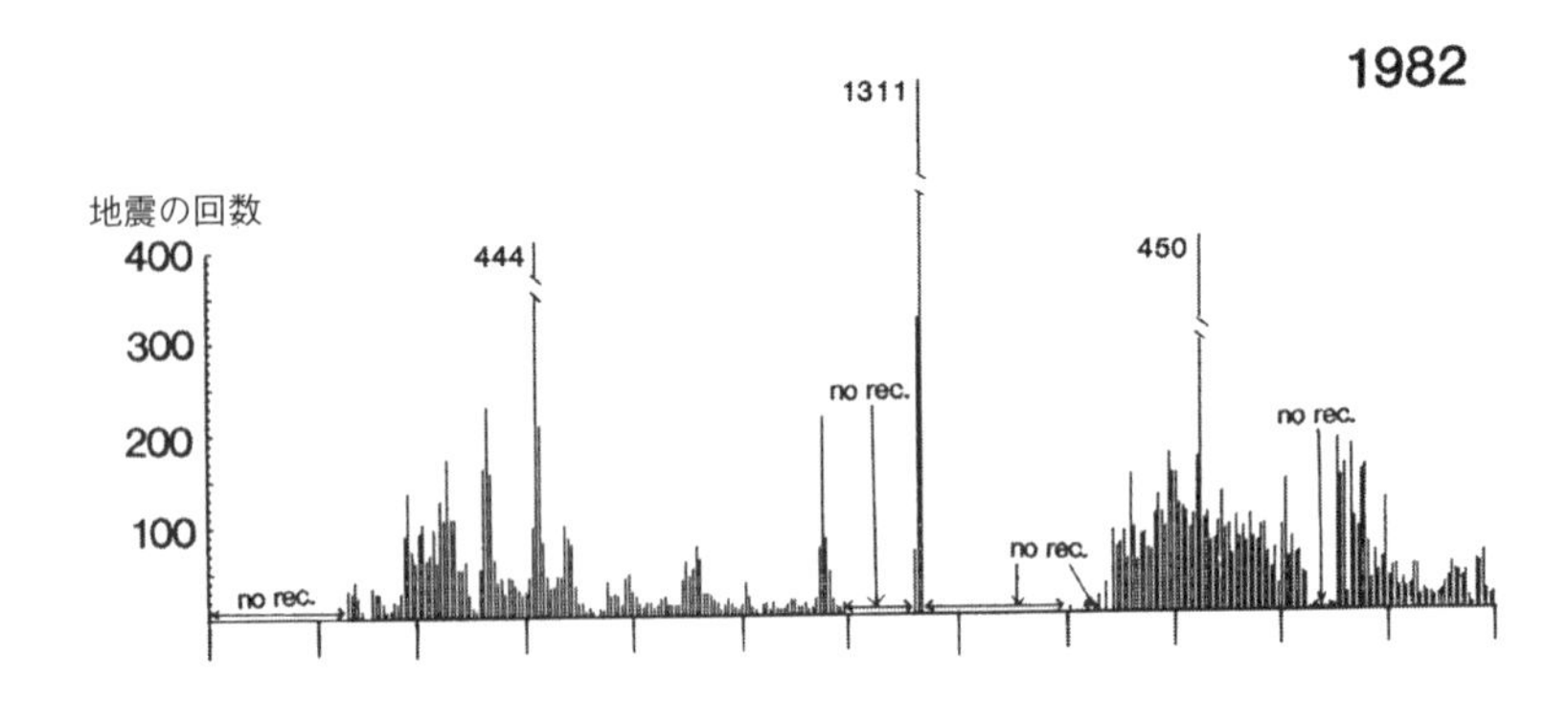

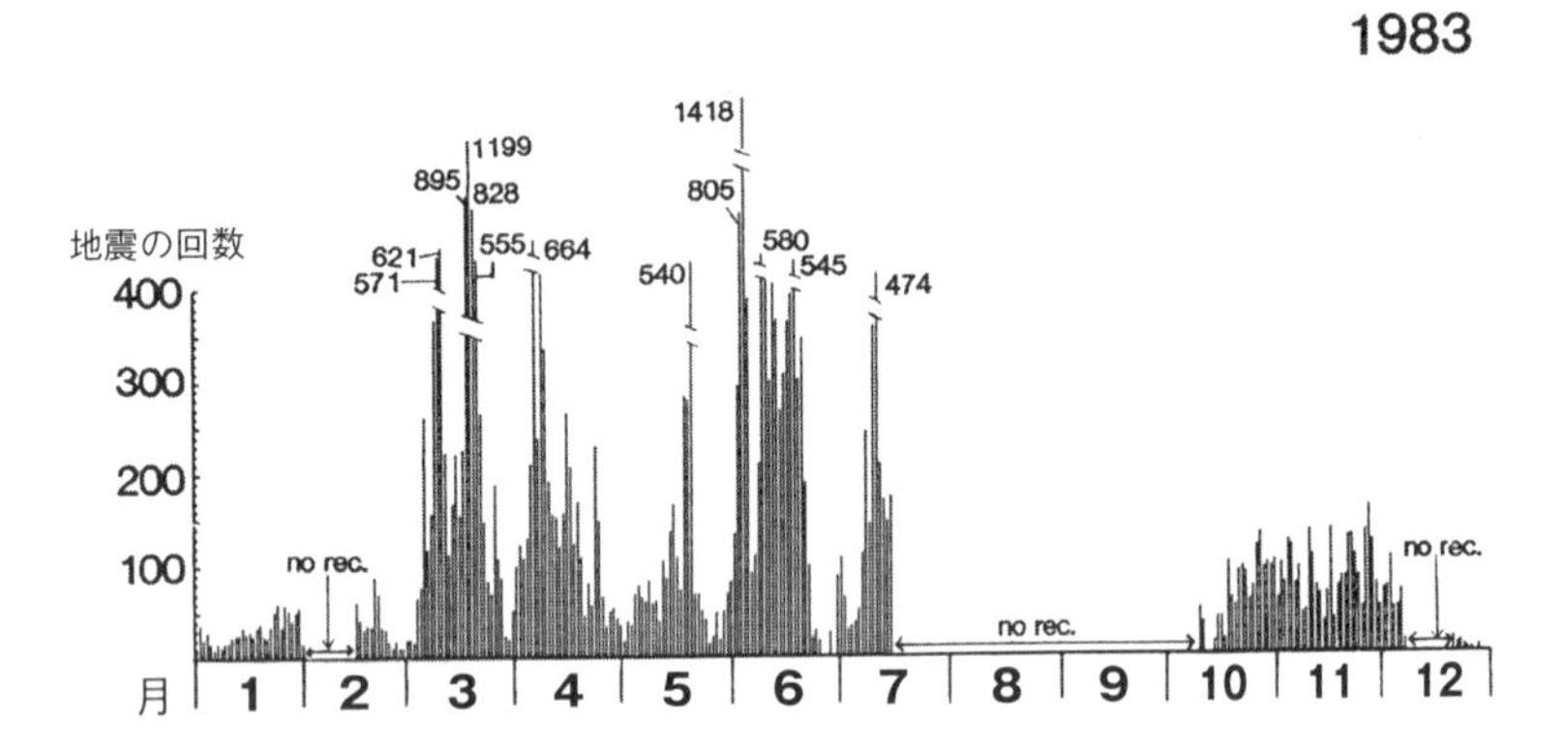

HOOで観測された1982～86年のエレバス山の地震日別頻度分布
(no rec)は記録の取れなかった期間を示す。1984年の(new volcanic activity started)は新しく噴火が始まったことを示す。

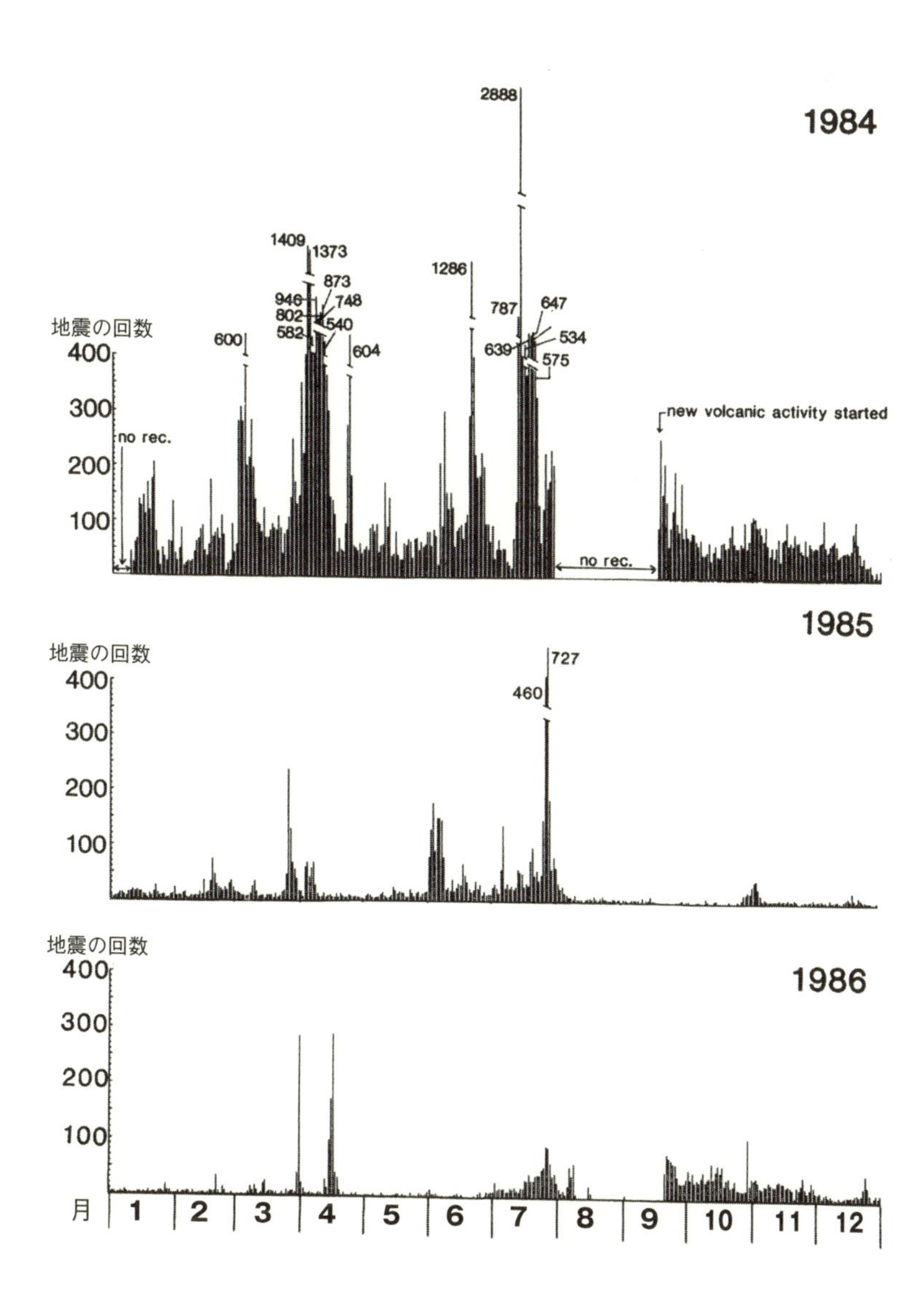
1984
地震の回数
400
300
200
100
no rec.
600
1409
1373
873
946
748
802
540
582
604
1286
2888
787
647
534
639
575
new volcanic activity started
no rec.
1985
地震の回数
400
300
200
100
727
460
地震の回数
400
300
200
100
1986
月
1
2
3
4
5
6
7
8
9
10
11
12

の間にはマグマが循環していると考えるのが妥当ではないか。このような地下でのマグマの動き、噴火現象（マグマやガスの噴出）、地震発生のメカニズムを考えると、なかなか複雑で、まとめることができないでいた。

2　地震の起こっている場所

地震がエレバス山体内のどこで起こっているか、その震源を決めるには少なくとも四〜五点の観測点の記録が必要である。精度を高めるために、私たちは少なくとも六点の観測点で記録された地震についてだけ震源決定をした。その数は基準点として選んだＨＯＯ点で観測された数の一〇パーセント程度だった。

震源決定をするためには、地震の初動からその観測点への到達時間を計測するために、少なくとも記録紙の上で一秒間の長さが一センチメートル程度になるように、地震記録を早送りで再生しなければならない。現在の地震観測は震源決定に関する作業はすべて自動でできるシステムになっているが、一九八〇年代にはすべては手作業でやらねばならなかった。

早送りの記録が得られると、その記録紙上で、それぞれの観測点への初動の到達時間を計測する。それぞれの観測点での初動の到達時刻を読み取り、エレバス山の山体構造のモデルを使って震源決定をしていくのである。

山体構造を得るために、一九八四年十二月、私たちはエレバス山とその周辺で人工地震観測を実施していた。そこで得られた山体構造のモデルを使い、震源決定をしていった。

一九八〇年二月から一九八四年二月までの間に、五点以上の観測点で記録された地震は八〇〇回だったが、その中から六点以上の観測点で観測されている地震四〇三回について震源決定をした。その結果、地震はエレバス山を中心に分布していることが明らかになった。これはエレバス山の火山活動の一つとして、活発な地震活動があることを示している。

しかも山頂から標高五〇〇メートルほどの高さまで地震を点で示すと、その点が集中して黒い帯のように延びている領域があった。この黒い帯のように分布する地震はすべて海面より上に分布し、つまりエレバス山の山体内で起こっていることを示している。その黒い帯の先端がなぜ標高五〇〇メートル付近で止まっているのか、この事実が何を意味するのかも大きな課題であった。

震源の深さが海面下にある地震も広く分布していた。深さが七キロメートルぐらいまでの地震は山体直下に分布しているが、七キロメートル付近より深いところで起こった地震の震源はやや西に広がっていた。さらに西側山麓から海面下七キロメートルぐらいまでにほぼ一列にポツリポツリと地震が起きているが、その一部には地震の起きていない空白の領域があ

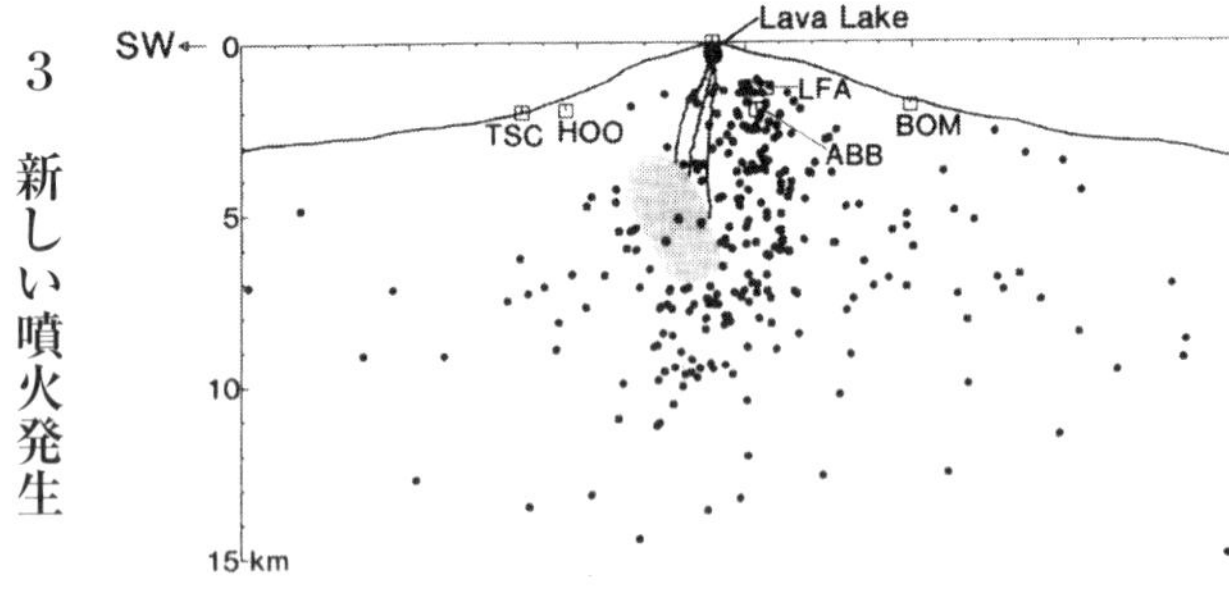

南西―北東の面に表示した1980〜84年のエレバス山体内の地震分布

　噴火はこの地震発生の後に起こった。中央やや左の灰色の部分がマグマだまりと推定される。エレバス山頂を0kmとして震源の深さを示している。

るのだ。

　この地震の震源分布図一枚を作成するのは大変な作業だったが、その一枚の地震分布図からは、すぐに上述したようなことが読み取れた。地震研究者はまるで医者がレントゲン写真を読み解くように、地震の分布図から地球内部の姿、エレバス山の場合は山体構造やマグマだまりの位置などを予測する。

　私の印象では、エレバス山の火山性地震の起こり方、その回数や分布にそれぞれの特徴はあるが、日本の火山で起こるのとほぼ同じような活動をしていると感じた。しかし問題は、なぜそのような状態が十年以上も続くのかという事である。

3　新しい噴火発生

一九八四年十月、南極への出発を目前に控え、十二月に予定しているエレバス山体内での人工地震の準備をしていた私のところに、マクマード基地やスコット基地から連絡が入った。「十月四日エレバス山が噴火した。上空から飛行機で確認したところ溶岩湖が消滅しているようだ。山頂の小屋は噴石で被害を受けた」という。

どんな記録が観測されているのかと期待しながら、予定通り南極に出発した。マクマード基地に到着した後、直ちに関係者との打ち合わせをして、私たちはすぐ各観測点の点検をした。ヘリコプターで各観測点に飛び、地震計の作動確認、電源が働いているか、バッテリーや送信機に異常はないかを調べた。幸いに山頂の観測点以外は噴石の被害もなく、全く問題がなかった。

マクマード入り江の海氷上にいたアメリカ隊の人たちの報告によると、「大きな音が聞こえたのでエレバス山の方を見ると、黒煙が上がっていた。いつもと全く違う噴煙だった」とのことだった。私たちが一九七四年以来見ていたエレバス山からの噴煙はほとんど白煙で、これは硫黄分を大量に含んだ水蒸気である。噴煙分析をしているニュージーランドの科学者たちの話では、噴出している硫黄の量は日々変化するが、多い時には二〇トンに達するとのことだった。また白煙が黄色味を帯びることはあっても、色が付くことはなかったという。

黒煙が出たことは岩石が飛ばされたか、マグマが噴出して大量の火山灰を降らせたか、あるいはそんな現象が重複して起こったかである。ヘリコプターに搭乗して山頂付近を調べた。

噴火口のある中央火口丘は、雪と氷で常に白かった斜面が噴火による噴出物で黒く汚れていた。標高三〇〇〇メートルより上の黒く汚れた地域が被害領域で、それはほぼ中央火口丘だった。噴出物はその斜面、エレバス山の山体の肩と呼ばれるあたりから上の部分だけに積もり、その外側にはあまり見られなかった。その限りでは爆発も山体を吹き飛ばすというほどの大きさではなかった。十年以上も存在し続けた山頂火口内の溶岩湖は跡形もなく消え、内側火口の底は黒っぽい岩石で埋まっていた。

火山学者や火山に興味のある研究者が噴火を見ていたわけではないので、火口周辺の噴出物などの状況から推測するしか方法はなかったが、今回の噴火は過去十年間に繰り返されていたストロンボリ型噴火とは異なり、相対的には大きな爆発のブルカノ型噴火だったようだ。ブルカノ型噴火はストロンボリ島の近くに位置するブルカノ島の噴火形態から命名され、爆発的な噴火を意味する。ブルカノ島の噴火は噴煙を何千メートルも高く噴き上げる特徴的な噴火を起こすので、この呼び方が一般化した。ちなみにギリシャ神話ではブルカノ島は「地中海の溶鉱炉」と呼ばれている。

この時、エレバス山の地下で何が引き金になったかは分からないが、山体直下に存在し、溶岩湖との間を対流していたマグマが全部吹き飛ばされてしまったようだ。

噴火後の一九八四年から八六年の毎日の地震数の変化を見て明らかなことは、一九八四年前半は一九八三年前半以上に群発地震活動が活発だったことだ。特に四月は八日間で七〇〇〇回を超す地震が発生していた。また七月には一日に二八八八回、ほぼ三〇秒に一回の割合で起こった日を含めて、六日間で六〇〇〇回の地震が起きていた。その後、記録が出来ない期間に入ったが、九月下旬には回復し、噴火の起こった前後は一日に二〇〇〇回前後の地震が起きていた。その数は決して少ない数ではないが、一九八三年、八四年前半の活動と比べれば、比較にならないほど少なかった（第七章2参照）。

エレバス山体直下の地震活動が活発になり、噴火が起こったのは事実である。噴火の前に地震が増加する現象は、日本の火山でもたびたび見られる。その典型が北海道の有珠山で、過去の噴火のたびに、まず地震が起こり、その回数が増え、住民の心配が高まったころに噴火が発生していた。このような経験があるので、二〇〇〇年三月三十一日の噴火では、その前日までに住民の避難が終わっており、火山噴火史上初めて噴火の予知に成功した例とされている。

エレバス山の一九八四年十月の噴火で、それ以前に山体内で起こる地震の数が増えていたことは事実だが、その増え方が日本の火山と比べて異常に数が多く、その活動期間も長かった。日本の火山だったら、一九八二年七月の地震活動で噴火は心配されていた。一九八四年前半の群発地震活動では、当然噴火を予測した。しかし実際は、その群発地震活動が一年以上も続いた後に、大きな爆発が起こった。しかも、最高潮に達した群発地震活動がいったん静まり始めてから、噴火となった。残念ながら地震の数以外に、そのころのエレバス山の活動や火口内の様子を知る方法がなく、解明されたことが多い割には、新しい疑問が増えた自然現象だった。

検討しなければならないことは多いが、エレバス山の火山活動は、地震活動を注意深く観測することにより、かなり予測ができる火山であることは間違いなさそうである。日本の火山であれば当然、観測網を充実して観測を続け、火山噴火予知の研究対象にできる火山なのだ。ただ南極にある火山なので、噴火が起こってもほとんど被害は出ず、火山災害の面からは研究対象になりにくい火山でもある。

観測や研究には決して適していない火山であったが、エレバス山の研究プロジェクトを遂行でき、しかも観測中に大きな噴火に遭遇できた幸運に感謝の念を抱き、喜んだ。その気持ちは三十年以上が過ぎた今日でも変わらない。

噴火で溶岩湖が消滅した後のエレバス山体内では、地震活動はほとんどなくなった。時たま群発地震が発生しているが、これは日本の火山でもよくあることで、私はこのような現象を「定常的な異常活動」と呼び、噴火予知の研究では重視しなくてよいと考えている現象の一つである。逆に言えばエレバス山でも「定常的な異常活動」は起こっているのだ。ただしなぜそんな現象が起こるのか、そのメカニズムは三十年以上も未解明のままである。

4　再び溶岩湖出現

一九八四年十月の噴火後、エレバス山体内での地震活動はそれ以前と比べて一〇分の一程度に減った。そんな時、再び群発地震が発生した。ほとんど地震が起こらないのに、一日に数百回の地震が発生すれば、「噴火は近い」と考えてほぼ間違いないような現象である。この時期、南極は極夜で一日中真っ暗だ。もしエレバス山頂で噴火が起こり、山頂に赤い物でも見られればスコット基地やマクマード基地の隊員も気が付いたであろう。そんなこともなかったようなので、この群発地震が発生した時にエレバス山頂火口内がどうなっていたかは不明である。

一九八五年十一月、山頂に飛んだ火山学者によって内側火口内に直径二〇メートル程度の溶岩湖が出現しているのが認められた。火口からは噴煙が上がり、時どきは小さいながらも爆発が起こっていた。エレバス山の火山活動は復活してきたのだ。ただ一九八四年の噴火前と比べて、極端に地震活動が少なくなっていた。

一九八二年から八四年にかけて、一日に起こる地震数が一〇〇回を超え、活動が頂点に達したところで噴火が発生していた。噴火後、地震数は少なくなり、ほぼ一年後の一九八五年、地震が増えたところに再び溶岩湖が出現したようだ。

一九八四年の噴火直前の九月から一九八七年十二月までに震源決定ができた地震二三〇回の地震の震源分布を見ると、そのほとんどが山頂付近に集中していた。やはり溶岩湖の存在が地震を起こす原因になっているようだが、そのメカニズムは解明できていない。

5　マグマだまり

山体直下の西側部分に、地震の起こっていない空白領域があると述べたが、私はその部分がマグマだまりであろうと推定している。地震の起こっていない空間の大きさは垂直方向に五〜六キロメートル、水平方向に三〜四キロメートルのラグビーボールを垂直に置いたような形をしているが、それがマグマだまりの形だと考えている（第七章2参照）。

その地震空白領域がマグマだまりと仮定すると、そのマグマだまりを通過した地震波と通過しないで直接観測点に到達した地震波には、波形に違いが現れると予想して調べてみた。硬い岩盤を伝搬してきた地震波は、流体のマグマだまりを通過した地震波に比べて高周波成分が卓越するはずである。結果は予想通り、マグマだまりを通過した地震波形は高周波成分が小さかった。

私は地震空白領域をマグマだまりで間違いないと考えている。そして、エレバス山頂の溶岩湖が存在している時には、このマグマだまりから溶岩湖へパイプができていて、マグマの循環が生じていると推測している。

このようにマグマだまり、溶岩湖、地震活動が一つのセットとして解明された火山はエレバス山が初めてだった。十年という短い観測期間の間に噴火が発生したことは幸運だった。地球の年齢、エレバス火山の年齢を考えれば、十年はほんの一瞬である。しかし南極という、自然環境の厳しい遠隔地でこのような大規模な観測を継続するのはなかなか困難だ。私たちのプログラムは一九九〇年で終了した。その後はアメリカの火山学者たちがモニター程度の地震観測を実施しながら、エレバス山の活動を見守っている。

6　地震が先か爆発が先か

エレバス山ばかりでなく、世界のほとんどの火山は噴火口を下から見上げる地形なので、火口内を見ることはできない。噴火が起こってもその噴火が始まる前に地震が起こり、爆発音が聞こえたのか、あるいは爆発の破壊によって地震が起こされたのか、はっきりと区別することはできないでいた。

この問題を何とか解明したい考え、エレバス山の火口縁に爆発音を記録するため、インフラサウンド（超低周波音波）の記録計（音波計）を設置した。この音波計の近くには地震計も設置してあった。さらにその近くには夏の間は定点カメラを設置して、溶岩湖やその周辺からの爆発を視認できるようにしておいた。インフラサウンドや定点カメラはニュージーランドの研究者たちが設置した。

すべての観測機器で良好に記録されている現象の数は少ないが、それでも一定の方向性が得られた。爆発が起こる前に、すでに火口周縁の岩盤には震動が発生していた。その震動は岩盤の中で初めて破壊現象が起こったのか、あるいはマグマの移動により圧力が高くなって震動が発生したか、そのどちらかである。

噴火活動が続いている時の火口周辺の岩盤の中は、常にひずみが蓄積した状態になっているだろうから、岩盤の破壊、つまり地震が起こりやすくなっている。そして地震が起こると、それが引き金になって爆発が起こって、音波計にも記録される。

あるいは地下のマグマが上昇してきて、噴火口をふさいでいる岩盤を突き破る時、同じように岩盤内で震動が発生する。それに続いて爆発が起こり音波を発生する。

エレバス山の観測結果では、いずれの場合でも、まず地震が起こった。つまり岩盤内で何らかの破壊が起こった後、爆発が起こるのが一般的なパターンだった。地震が先なのである。うまく爆発をカメラがとらえた場合でも、火口や火孔から黒っぽい煙が噴出して、爆発音が聞こえるが、その時には地震計はすでに震動を記録している。したがって「地震が先」というのが一つの結論であった。

しかし溶岩湖周縁の火孔からの噴火では例外もあった。その噴火に遭遇したのは予備調査の時だった。火口縁に地震計だけ臨時に設置して、噴火を眺めていた時のことである。突然シューという音がして灰色のガスが噴出してきた。そのガスの噴出はおそらく十数秒で終わったが、一〇個ぐらいの噴石が確認できた。私は生まれて初めて、火口内を見おろす位置から目の前で起こった噴火が見られて興奮した。ガスが噴出し終わると、火孔付近に白い煙が立ち込めていたが、それもすぐ消え、何事もなかったように静寂が訪れた。

噴火の始まりが爆発的ではなかったので、地震の記録も波形も初動の立ち上がりが明瞭でなく、ノイズのように見える小さな揺れが続いているだけだった。このように爆発的でない噴火の場合には、火山性地震と呼べるような地震も起こらないようだ。私たちは、今目の前で起こった現象をどう表現するのがよいかを話し合った結果、「ガスジェテイングエラプションン」が適当だろうとの結論を得た。あえて日本語にすれば「ガス噴出型噴火」となる。

エレバス山はこのように、火口縁から噴火口内を観察でき、溶岩湖内でのマグマの噴出をはじめ、噴石を伴う爆発的噴火やガス噴出型噴火など、いろいろな現象を観察できる非常に観測しやすい山になっていた。もちろん噴火が起こった場合には噴石には注意が必要だ。ニュージーランドの測量士が噴石を受け、防寒着が焼け焦げて穴が開いたことがあった。ただ噴石も高く飛ぶので、爆発があっても注意していれば十分に避けることは可能だった。逆に言えば、その程度の小規模な噴火を繰り返している活動時期だったのだろう。

コラム6　日本でなぜできない

私たちの観測結果は日本国内でも、日本火山学会の春、秋の大会をはじめ、極地研究所で主催するシンポジウムなどで、逐一報告した。それを知っている当時の極地研究所の所長、故永田武は火山噴火予知連絡会の会長も務めていた。同会には私も出席していた。

当時は観測が進んでいる日本の火山でも、なかなか火口内の情報は得られていなかった。噴火の前には火口内にも異常が現れるかもしれないので地震計のほかに、傾斜計とか監視カメラの火口縁への設置が望まれたが、どの火山でもそのような観測はされていなかった。

ある時永田先生が火山観測をしている大学の委員たちに、もっと観測の強化の必要性を強調された。永田先生の話を神妙に聞いていた委員たちはほとんど私の先輩教授たちだ。その中の一人の委員が、担当する火山の火口内の様子を述べて、そのような観測の困難さを語った。

それに対しての永田先生の発言は「うちの神沼が条件の悪い南極で、しかも富士山と同じ高さの山で観測をしているのだ。その観測を日本の火山でどうしてやれないのだ」と叱咤激励した。すでに述べたように、溶岩湖はあるにしても、エレバス山は噴火の形態も比較的危険が少なく、観測のやりやすい火山ではある。しかし南極という自然条件はそれをはるかに超える厳しさもあった。

日本の火山観測もその後、充実して火口内をカメラで監視している山も増えてきている。

第八章　南極観光とエレバス

1　南極最大の事故

地球で最後のフロンティアとして南極を観光で訪れたいという人は少なくない。南極観光は一九六〇年代にはすでに始まっていた。私は一九九〇年代まで南極観光には大反対だった。その理由は、南極の自然を保護するという大義名分以前の問題があったからだ。私をそのような気持ちに駆り立てたのがエレバス山への観光機の墜落だった。

すでに述べたように一九七九年十一月二十八日、マクマード基地は祝賀ムードが漂っていた。その日は一九二九年十一月二十九日にアメリカのリチャード・バードが、ロス棚氷の南端に建設されていたリトルアメリカ基地から南極点往復飛行に成功してから五十周年を祝う日の前日だった。バード隊に参加してなお存命の二名の隊員も招待されマクマード基地に滞在していた。昼間のセレモニーに続き、翌二十九日には二人の南極点への往復旅行が予定されていた。

夕食のマクマード基地の食堂は何となくうきうきとした空気が漂い、それぞれが食事を楽しんでいた。その時、基地内のラジオ放送が突然音楽からニュースに変わり、食堂内のあちこちで「シー」という声が起こり、全員が放送に耳を傾けだした。

ニュースはニュージーランド航空の南極観光機DC－10が、十三時の交信を最後に行方不明となり、マクマード基地のヘリコプターが捜索中というのだ。観光機はニュージーランドのオークランドを朝出発し、マクマード基地やスコット基地、エレバス山のロス島やドライバレー上空などロス海西岸などを二～三時間飛び、空から南極の風景を楽しんだ後、クライストチャーチに戻る日帰りの観光旅行だった。後日知ったが、日本人にも人気があり、行方不明機にも二四名の日本人が搭乗していた。

二十九日の午前一時ごろ、エレバス山北麓に墜落している機体が、ニュージーランドからマクマード基地へ飛来した、夏の間だけ開設される定期便によって発見された。この時期、ロス島付近は一日中太陽が沈まない夜のない季節である。マクマード基地からは直ちに救援のヘリコプターが現場に向かったが、現場一帯はクレバス地帯で、降りた途端に関係者はすぐ全員死亡が確認できるほどの惨状だった。

マクマード基地のバード少将像

一般に日本で報道される航空機の墜落事故では、機体がバラバラになったとはいっても、主翼だったり、胴体だったりかなり大きな破片が写った写真が報道される。ところがこの事故では最大の破片が垂直尾翼だった。機体はエレバス山の北側斜面に線状に散乱していた。山の斜面の標高五〇〇メートルの北側には雪面上に飛行機の形が鮮明に残り、衝突したことを示していた。そこから標高六〇〇メートルの南側に長さ六〇〇メートルの黒い帯となって機体が散乱していた。斜面の上部になる南端には、ノーズと呼ばれる機首と垂直尾翼とが重なっていた。雪面に衝突後、機体はばらばらになり、垂直尾翼は何の抵抗を受けることなく機首のところまで飛んでいったのだろう。

翌日からマクマード基地のヘリコプターは遺体や遺品の収容に使われ、私たち研究者は何もすることなく基地で過ごすことになった。結局事故処理には二週間以上を要した。一年間準備して南極まで来たのに、何もできずに帰国せざるを得ないアメリカの研究者のグループも何組かいた。

マクマード基地で野外調査の支援をしてくれるセクションの女性が、ある日私に「あなたはフィールドに出られなくても冷静に対処しているが、予定が遅れても困らないのか」と聞いた。私は「南極では待つのも仕事のうち」と答えたら、納得したようだった。研究者の中には、野外調査に出られない焦りをマクマード基地の支援隊員にぶつけて、憂さを晴らす人もいたらしい。自分の力ではどうしようもないことにイライラしても仕方がない、というのが南極で身につけた私の信条である。

この事故でせめてもの慰めになったのは、現場が南極最大の基地であるマクマード基地の近くで起こったことだ。だから捜索や事故処理のために、基地にあるヘリコプター五機を総動員できた。ニュージーランドからも、事故の翌日の夕方には山岳調査のベテランの警察官チームが到着していた。このため収容可能な遺体や遺品はすべて回収できた。

事故発生直後からマクマード基地にいた私に、日本の報道機関からいろいろな電話がかかってきた。その時ほど、公衆電話が通じていない昭和基地を懐かしく思ったことはない。ただし昭和基地でも一九八二年からは公衆電話が可能になり、現在ではメールも届き、家族との通信手段は大幅に改善されている。事故現場近くにいる私への多くの問い合わせに対して、どう対応したらよいかを日本の関係機関に問い合わせたところ、「すべて現地の判断に任せる」だった。このような時は、うまくいって当たり前、悪くいけば私の判断の誤りとなる。私は「すべて遺族の立場に立って行動する」と連絡しておいた。

スコット基地に事故対策の責任者としてニュージーランドから来た人は、私とは旧知の間柄だったので、事故処理についての情報提供を頼んだ。彼は「毎夕、スコット基地に来ているメディアに説明するから、それに出席したらどうか」と提案してくれた。スコット基地にはニュージーランドから記者一人とカメラマン一人が事故取材のために来ていた。記者会見とはいっても、私を含めて三人だけであった。

日本人犠牲者のために読経する筆者

その発表の中では、「本日は一八〇の肉片を回収した。それは遺体一五体分に相当する」というような内容が多くを占めていた。またニュージーランドの記者から私に、日本からの問い合わせで、「現地に滞在している日本人が事故に対してどんな感想を持っているのか聞いてくれと言ってきた」などと逆に取材されたこともあった。

ある時ニュージーランドの責任者から、日本の遺族がクライストチャーチに来ていて、現場を見たいと希望しているがどう思うかと聞いてきた。仏教徒が多い日本人は、家族の亡くなった現場で故人の冥福を祈ることを希望する人が多い。しかし、南極に不慣れな人たちがスコット基地を訪れても、寝る場所も十分になく、まして現場に連れて行くことなど危険だ。人数を限定してもまた不満が出るだろう。このような日本人の感情を説明し、一人も呼ばないことがベストだと勧めた。ただ現場付近の小石を採取して遺族に渡して欲しいと頼んだ。その後、ニュージーランド国内でどのようなやり取りがあったのか知らないが、後日、君の判断は正しかったと彼から感謝された。

遺体遺品の回収が終了した後、墜落現場が見渡せる岩盤が露出した場所に慰霊の十字架が立てられ、そのセレモニーに私も招待された。たぶん日本人を代表してということだったのだろう。私は日本から持参していた米、日本人遭難者二四名の名前を記した紙、般若心経が印刷されたお守りを十字架の下に埋めさせてもらい、酒を撒いて読経した。このような仏教的な行為をすることを、ニュージーランド側は快く認めてくれた。

私の読経の姿はニュージーランドのメディアにも大きく取り上げられたらしい。ニュージーランドに戻ると、ニュージーランドの友人たちから「お前は今ニュージーランドでもっとも有名な日本人だ」と言われた。

さらに私はエレバス山の頂上で、アノーソクレスフォノライトという大きさが数センチの単結晶の鉱物を二四個採取し、帰国後遺族に渡した。息子さんを亡くされた母親から「親ができないことをしていただいた」と感謝された。

私の印象では、この事故をきっかけにニュージーランド人の日本観は大きく変わったようだ。それまでニュージーランドは日本に対しては必ずしもよい印象を持っていなかった。第二次世界大戦で連合国の一員として日本と戦い、戦後は日本に駐留した経験者は少なくない。南極で会った人の中にも「(東京の)エビスキャンプにいた」という人がいた。日本が南極観測への参加を表明した時、強く反対したのもニュージーランドだった。

事故後ニュージーランド人の日本人観はがらりと変わったようだ。その一つが、日本人は観光客として呼べる、観光資源になるということであった。それまで一九七〇年代の後半になっても、「日本語が通じます」というような看板を出している店は、首都のウェリントンで一軒見ただけだった。事故の次の年には、クライストチャーチでも数軒の店が日本人を雇ったりして、日本語の通じる店になっていた。親日家も増え、皇族も訪れるようになった。カンタベリー博物館の当時の館長とは親しい間柄になったが、博物館の芳名録の皇太子ご夫妻（現上皇ご夫妻）のサインの次に、サインをさせてもらった。

旅行者の増加は結構なことだったが、気軽な語学研修に発展した結果、二〇一一年のクライストチャーチ地震で日本人研修生が被害にあうことになったのは残念である。

2　観光に反対

私は南極を知る者の一人として南極観光には反対だったが、それは私ばかりでなく多くの南極関係者も同じ考えだったと思う。その最たる理由は、南極観光が南極の自然環境を破壊するからである。これに対して日本の観光業者は、以下のように主張していた。

「（一九八〇年代当時）年間の観光客は約一万人、平均一〇日間滞在するとして、その南極滞在は一〇万人日になる。それに対して越冬隊は各国合計して約一〇〇〇人、平均四〇〇日滞在すると四〇万人日になる。夏隊を加えればその人日数はさらに数倍に増える。南極の環境を破壊しているのは観光客ではなく観測隊である」

これに対し私は以下のように反論した。

「観測隊は人類共通の知的資源を得るための仕事である。その成果は人類共通の財産となり、還元されている。観光客は自分の欲望を満たすために来ている。個人の欲望のために南極を汚してよい理由はない」

しかしもっと重要なことは、観光客に事故があった場合、その救援体制が整っていないことであると主張した。その最大の理由は、私が南極観光機墜落の事故およびその処理を始めから終わりまで見ていたから、言えることだった。

結局、事故現場がマクマード基地やスコット基地からの行動範囲内だったのが幸いし、多くの遺体や遺品が収容されたが、もっと遠方で起こったとしたら、どうなっていたか分からない。

好むと好まざるとにかかわらず、事故が起これば現場に一番近い基地にその能力があれば、人間の感情として何らかの協力をすることになるだろう。そのために受ける観測隊のダメージは計り知れない。私的旅行の観光客、個々人の遊びのために、そんな迷惑を受けたくないのが多くの観測隊の本音だった。

そんな背景があったが、南極が科学者だけの世界でないことも分かっていた。私は二十世紀の間は南極の自然環境を守るルールを決め、観光客の事故に対する救援態勢を整えて、二十一世紀になったら南極観光を受け入れればよいと主張していた。

実際その後、南極条約議定書が発効し、自然環境の保護は進んだ。無理な観光計画も少なくなったようだ。しかし反面、現在では南極点への観光旅行も気軽にできるようになっている。

3　ロス島の観光

南極観光はソ連の崩壊により事情は一変した。ソ連がそれまで北極海で使用していた耐氷船や砕氷船が、それを引き継いだロシアによって南極観光に使われるようになったのだ。その結果、南極大陸を数十日かけて周航する世界一周（すべての経度線を横切る）の船旅なども企画され、日本人でも参加する人が出てきた。そのような船の中には昭和基地を訪問する船もあり、昭和基地に観光客が訪れたこともあった。

そんな南極観光船にとってのハイライトの一つがロス島の訪問だった。ロス海からマクマードド入り江に入ると、その海域は地球上でもっとも南の航海可能な海域になる。運がよければ南緯七七〜七八度ぐらいまで南下できる。

マクマード基地やスコット基地への訪問も可能だ。しかし、ロス島の観光の目玉は何といってもエレバス火山の麗姿を眺めながら英雄時代の史跡が見られることである。運よく観光船が最南端の海域まで航海できたとすれば、その目の前が南極最大のマクマード基地（南極研究センター）だ。

そして基地の建物群に気をとられていると見落としてしまうのが、ハット岬に建てられたスコット隊の第一回探検の時のディスカバリー小屋である。その後のシャクルトン、スコットの探検でも避難小屋として使われていた。ここに展示されている品物は一九一五年のシャクルトン隊が残したものである。

スコット隊、シャクルトン隊の三つの小屋を含め、ロス島の史跡はすべてイギリス隊の残したものなので、大英帝国の一員としてイギリスの探検隊の実績を引き継いだ、ニュージーランドのスコット基地の人々によって管理され、きれいに保存されている。

マクマード基地の背後にあるオブザベーションヒルにも四〇〜五〇分で登ることができる。頂上から眺めると、スコット基地の建物が手前に見え、その背後にエレバス山がどんと座る姿に感動する。オブザベーションヒルの頂上には不帰の客となったスコットらを追悼する十字架が立ち、ロス棚氷を一望できる。ロス棚氷の西側にはディスカバリー山やモーニング山、さらには南極横断山地の山稜が並んでいる。とにかくいくら見続けても飽きない風景に時間の経つのも忘れる場所である。

ディスカバリー小屋から北へ二〇キロメートル離れたエバンス岬には、スコットのテラノバ小屋がある。一九一〇〜一二年の第二次スコット隊の小屋で、周辺には半分は埋もれた船の錨、気象観測用の百葉箱、その他の資材も当時のままに保存されており、やはり史跡である。

一九一一年一月、スコットの第二次南極探検隊によって建設され、大きさは一四・六メートル×七・三メートルで、ロス島にある三棟の小屋の中でももっとも広い。日本式に言えば三〇坪程度の広さだが、そこに二五名が越冬したのだから、ずいぶん狭かっただろうと想像できる。

スコットはこの小屋から南極点を目指して出発し、目的は達したが、再びこの小屋に戻ることはなかった。スコット隊の後、南極横断を試みて達せられなかったシャクルトン隊の一〇名が、この小屋でオーロラ号が迎えに来るまでの二〇か月を過ごしている。

小屋はスコット隊の越冬状況を再現するように整備され、当時の品物が並べられている。

百年を超す歳月を経た調理器具やビスケットのような食料品、せっけん、ローソクなどの日用品が展示されている。誰がどのベッドを使ったかも表示され、スコットがパイプをくわえて写っている有名な写真を撮った椅子も分かる。ウィルソンやチェリー・ガラードの研究机なども当時の様子を再現して保存されている。また小屋の外には首輪をつけたままミイラ化した犬や、ポニーのための干し草なども残っている。

小屋の南側のウィンドベンヒルにはシャクルトンの横断隊を出迎えるために滞在し、死去した三名の隊員を追悼する十字架が立てられている。

小屋の前の海岸に放置された二つの錨は、シャクルトンらを迎えに来たオーロラ号の物である。

さらに北へ一〇キロメートルのロイズ岬には一九〇八年に建てられたシャクルトン隊のニムロッド号の小屋がある。シャクルトン隊はこの小屋で一五名が越冬し、南極点への到達はならなかったが、エレバス山への登頂、南磁極への到達などの成果をあげた。

ロイズ岬の小屋の前には約三千羽のアデリーペンギンのルッカリーがある。世界最南端のルッカリーである。

ロイズ岬の北六〇キロメートルのバード岬には、付近で最大のアデリーペンギンのルッカリーがある。毎年三万羽のペンギンが営巣している。近くには夏の間だけ研究者が滞在できる、スコット基地の研究施設が建っている。

ロス島の東端には、『世界最悪の旅』の目的地だったクロージア岬の海氷上にコウテイペンギンのルッカリーがある。そこから東へはロス棚氷の氷崖が延々と続いている。ノルウェーのアムンセンも、日本の白瀬もこの氷崖を登って、棚氷上に基地を設けたのだ。

コラム7　南極でのショッピング

南極で生産されている物はないので、南極産土産もない。ただ初期のころは石が一つの土産として珍重されていた。しかし南極条約議定書により、南極にある自然物すべて、持ち帰ることが禁止された。それと同時に南極へ持ち込んだ物はすべて持ち帰らなければならない。この基本原則は観測隊員でも観光客でも変わらない。そこで南極へ来た証拠とされるのが、南極の基地からの郵便物の投函である。

スコット基地の郵便局では「ロス属領」と印刷された切手を販売している。その切手を購入し、絵葉書にでも貼って投函すれば、南極を訪れた証拠となる。郵便局と並んで売店があり、ニュージーランド国内で生産された土産物類、絵葉書、本、プレート、南極や「Scott Base」などのロゴ入りのTシャツやトレーナーなど、どれも南極土産としては、ついつい買いたくなるような品物が並んでいる。

マクマード基地にも郵便局があり、シップストアと呼ばれる売店もある。ただこの郵便局で投函すると、すべての郵便物は一度アメリカ・サンフランシスコに送られ、そこから日本に転送されるシステムである。スコット基地での投函ならば一〇日間足らずで日本に到着するので、マクマード基地より早い。

シップストアはマクマード基地の滞在者のための店なので、土産物になるTシャツやトレーナーをはじめ、絵葉書、便せん類などのほか、キャンデーや飲み物なども販売している。しかし、観光客にどこまで門戸が開かれるかは、その時の在庫状況次第のようだ。欲しいものが必ず手に入るとは限らない。

第九章　世界平和に感謝

1　南極条約に守られたパラダイス

ＩＧＹで始まった南極観測が恒久的な体制をとり始めると、そこには当然、南極大陸の領土権を含めた国際的な政治問題が生じてきた。

アメリカはＩＧＹが成功し、各国の科学者が南極観測の継続を熱望していることを受けて、南極の平和利用を目的にした条約を結ぶことを、南極観測に参加していた一一か国に提案した。各国はその提案を受け、条約の討議が重ねられた。特に問題になったのは領土権の主張である。南極探検に実績がありながら、領有権の主張をしていなかったアメリカ、ソ連の両大国が冷戦下でも歩調を合わせ、とにかく一九五九年十二月一日、南極条約が各国の代表によって署名された。

この条約は各国政府の批准を受けて、一九六一年六月二十三日に発効した。条約は三十年間の期限付きだったが、三十年を経た一九九一年になっても、条約に異を唱える国はなく、そのまま継続され現在に至っている。南極条約は南緯六〇度以南の地域に適用され、その骨子は第四章５で示している。

他国の基地を訪れるのにビザはもちろん相手国の許可も不要な南極を、私は「政治的パラダイス」と呼んでいる。

日本もノルウェーも条約の原書名国であり、日本は条約を遵守して南極観測を実施している。その限りにおいては日本が昭和基地を維持していても、ノルウェーは領土権に関して日本にクレームをつけることはない。

地球上において核廃棄物の捨て場が問題になっている。人類の生活圏から離れているからとの理由で、南極をその捨て場にすることも認められない。

私が初めて昭和基地で越冬した一九六七年三月の日曜日、それまでは基地内のいろいろな整備で日曜も休日もなく働いていたが、ようやく日曜日で休日となっていた。休日なのでのんびりと遅くまで寝ていたら突然ヘリコプターの音が聞こえた。当時の観測船は「ふじ」だったが、そのふじが去って一〇日間ぐらいしか経っていなかったので、私はふじのヘリコプターが来たのではと錯覚した。

私たちはすぐ食堂に集合するように指示を受けたが、それはアメリカが派遣した南極条約に基づく査察団だった。その前に訪問したソ連の基地から、査察団の昭和基地への訪問予定が知らされるはずだったのに、何かの手違いで何の前触れもなく、突然の日曜日の訪問となったのだ。

査察団は基地の設備、観測内容などの説明を受けた後、基地内を見て回った。もちろん昭和基地には武器もなく、南極条約に違反しているようなことは何もなかった。この査察を最初として、アメリカは数回各国の南極の基地を査察している。確か二回目の査察の時だったと記憶しているが、査察団のメンバーに女性の海軍軍人がいた。彼女が昭和基地に足を踏み入れた最初の女性となった。日本の観測隊に女性が参加するはるか前の話である。

南極条約は一二か国によって締結されたが、その後、加盟する国が増え、南極観測を実施していない国も参加するようになり、二〇一八年現在、五四か国となった。各国がこの条約を守っている限り南極内での活動は自由にできる。私が何回もマクマード基地やスコット基地を訪れ、エレバス山の観測をできたのも、南極条約で保障された国際協力の典型だからである。日本隊にも毎年多くの外国からの研究者が参加し昭和基地を訪れるようになった。

2　南極を守る南極条約議定書

南極条約の下ですべての南極観測は実施されているが、人間が生活している以上は、南極の環境には影響を及ぼしている。また南極に潜在する鉱物資源については一九七〇年代から関心を寄せている国があった。一九八〇年ごろには南極海で石油や天然ガスの試掘がされるのではないかという疑念まで生じていた。

南極の環境や生物の生態系を包括的に守るための検討が、南極条約特別協議国会議で繰り返されてきた。南極条約協議国会議は南極条約を実効性のあるものにするために、南極で発生する諸問題に対処することを目的に組織された会議で、条約加盟国の中で南極観測を実施している国々によって構成されている。環境問題を検討するために特別に設けられたその南極条約特別協議国会議で、一九九一年に「環境保護に関する南極条約議定書」が採択された。そして一九九七年十二月十五日、南極条約協議国二六か国の批准が完了して、三〇日後の一九九八年一月十四日に発効した。

日本ではこの議定書の発効に先立つ一九九七年五月二十八日、「南極地域の環境保護に関する法律」が公布された。この法律により南緯六〇度以南の南極地域で実施するすべての活動計画について、事前に環境大臣の確認を受けることが義務づけられるとともに、科学調査の目的以外の鉱物資源採取の禁止、原生動植物に影響を及ぼす行為の制限、廃棄物処分の制限などが法律で定められた。

この法律の施行により南極観測隊も毎年、出発する前に、その年の観測分野ばかりでなくすべての行動計画を環境大臣に提出して、確認を受けなければならなくなった。観測隊にとっては余計な仕事が増えたことになるが、人類の宝として南極を守るには必要な行動であるととらえられている。

観光で南極を訪れる人も同じで、一般には旅行業者を通じて「南極地域活動行為証」を環境省から受け取らねばならない。しかし個人旅行者が南アメリカまで行って、かってに南極観光船に乗った場合は、この行為証がなくても南極観光はできそうだ。観光船への乗船現場では、あまり厳しいチェックはなさそうなので、観光を実施している国や利用する観光船によって議定書の遵守に差があるようだ。実際あるテレビ局がこの確認をとらずに南極に行って撮影し、放映したことがあった。環境省からはお叱りを受けたようだが、許可をとらずに南極に行けたことは事実である。

外交官たちの間で議定書が検討されている時期、私は南極研究科学委員会の固体地球物理分科会の委員をしていた。そこで問題になったのは、法律ができた結果、科学観測や調査が規制されるようでは本末転倒であるということだった。地質学の研究者が環境を破壊するという理由で岩石標本のサンプリングができなくなったり、生物研究者がコケや微生物の採取、あるいはペンギンやアザラシの捕獲ができなくなったら、研究に支障をきたし、困る。

当時、私は南極での人工地震について分科会で国際的に意見を取りまとめていた。ダイナマイトを南極の氷原で爆発させれば、当然付近は汚れる。しかし、南極の地下構造を知るためには必要な実験であり、行為である。何回か議論を積み重ねた結果、ダイナマイトを使って南極の地下構造を調べることに支障のないような議定書にすべきという結論を導いた。研究者たちも、南極は人類共通の財産だからその環境は守らねばならないという前提に立って、議定書が実効性のある内容にすべく検討を重ねたのだ。

3 平和の実感

私が国際共同観測でアメリカのマクマード基地を訪れるようになったのは一九七四年だった。一九四五年の第二次世界大戦の終戦から三十年が経過しており、もはや戦後ではないとの言葉が言われだしたころだ。小学二年生（当時の国民学校二年生）の夏に終戦を迎えたので、実質一年間ぐらいしか戦前の軍国教育は受けていない。しかし「鬼畜米兵、アメリカ、イギリスは敵国、大きくなったら男は兵隊さん、女は看護婦さんになってお国のために尽くせ」と教えられたことは、鮮明に覚えている。

戦後進駐してきたアメリカ軍をはじめとする連合軍の兵士を街中で見て、逃げ帰っていた子供たちは、やがて彼らが遊び半分で配るお菓子に目を奪われ、「ギブミーチョコレート」と、物をねだることを覚えた。もちろんそれは進駐軍の兵士が現れる都会の子供だけだったかもしれない。しかし、食べ物をはじめすべての物資が不足していた時代、日本人の多くは心も貧しくなっていた。

子供心にも物をねだるのは恥ずかしいと考えていたのだろうが、私は仲間のそんな姿を遠くから眺めていた。遊び仲間の一人が「写真を撮っていたので、友達の陰に隠れて手を出していた」と話していたことが、鮮明に記憶に残っている。やはり羞恥心（そんな言葉は知らなかったが）があるのだ、恥ずかしい行為を理解しているのだと、友達に対してすこしほっとした気持ちになった。

そんな時代背景で育った私だが、学問の世界に入り、国際学会などで外国の人との接触は自然に、何の抵抗もなくできていた。むしろ彼らとの接触が新しい目を開かせてくれて楽しく、得るものも多かった。

ところが初めてマクマード基地に行った時、アメリカ海軍の兵士との接触に大きな衝撃を受けた。忘れていた記憶の復活だったのだ。当時のアメリカの南極観測体制は南極への輸送や基地の維持を海軍が担当していた。ニュージーランドのクライストチャーチから南極まで十月から二月までは週に数便、大型輸送機が飛び、人員や資材の輸送を行っていた。基地の食堂も海軍の担当だった。またマクマード基地から野外調査に向かうヘリコプターも海軍の運営である。

クライストチャーチの飛行場でアメリカの大型ジェット輸送機C－141に初めて搭乗して南極に向かう時、日本を空襲した時のアメリカのB－29もこんな具合にグアムの基地を離陸したのかという思いがよぎった。ただ機内で私たちの世話をしてくれる兵士は親切だった。もちろんその飛行機には多くのアメリカ人も乗っていたが、差別を感じることもなかった。

初めてヘリコプターを使って調査に行く時のことだった。ヘリコプターのパイロットは多くの場合、日本流にいえば佐官、尉官で士官である。いわば海軍のエリートたちだ。そして機内の担当者は下士官かその下の兵士だった。毎回調査の搭乗前に機長とその日の予定を綿密に打ち合わせる。

まず自己紹介の後、互いにファーストネームで呼び合うことを確認した。飛行中のやり取りは簡単なほうがよいし、日本人の名前は彼らには呼びにくい。私は名前の「克」から「カツ」を外国人仲間とは使っていたので「カツ」と自己紹介しておいた。機長のジョンは私の計画を聞いた後、その日の飛行ルートの途中にこのような場所がある、もし興味があれば時間の許す限り着陸してもよいと申し出てくれた。マクマード基地初体験の私たちにとってはありがたい申し出であり、また私たちが南極を研究している科学者であるとの認識からの提案で、喜んでその好意を受けた。

また機内担当の兵士は、私の頼んだことに対して、必ず「イエスサー」と丁寧に答えてくれた。彼らにとって私はヘリコプターの客だが、上官とも受け取っているのではと思える対応だった。鬼畜米兵と教えられていたアメリカの兵士から「サー」と敬意をもって対応されているが現実なのかと自分自身に問いただしていた。

この日、私は敗戦前後のことを思い出し、私の受けた教育は何だったのか、「ギブミーチョコレート」の時代は何だったのかを改めて思い出していた。そしてこのような環境にいる今の自分の立場に改めて感謝した。

仲よくなった兵士たちとは、機会があるとよく話をした。彼らと会うのは食事の時が多いが、食堂はセルフサービスの配食場所は同じだが、テーブルは士官室とその他に分かれていた。研究者は原則的には士官室を使用していたが、どちらも利用できた。

配食場所で顔見知りの兵士に会うと、私は彼らと一緒のテーブルで食事をするようにした。逆に彼らは用事があっても私が士官室で食事をしていると入ってこられないので、終わるのを外で待っていて、話しかけてきた。

このように私はマクマード基地でアメリカの海軍軍人との接触の機会が多く、その経験は貴重だった。彼らの明るくて暖かい人柄に接すると、日本の起こした戦争は何だったのか、どうして日本は国民に事実でないことを教えていたのか、当時の軍国教育の恐ろしさを再認識し、そしてまた平和の時代に育った自分自身の幸運に感謝していた。

同じ敗戦国のドイツとイタリアの南極観測への参加は一九八〇年代になってからだった。

日本は昭和基地を建設して以来、南極隕石の発見やオゾンホールの発見をはじめ多くの分野で、南極観測を通して人類に貢献してきた。私は戦後食料も満足にない時代に南極観測の実施を決断した当時の学界の先輩たち、そしてそれを後押しして実現にこぎつけた政界、財界の先見の明、五円、一〇円とこづかいを節約して観測隊に寄付して後押ししたすべての国民に感謝の念でいっぱいである。

二〇一七年一月には、昭和基地は建設から満六十年の還暦を迎えた。途中四年間の中断があったので二〇一九年に昭和基地で越冬している観測隊は「第六〇次日本南極地域観測隊」で還暦を迎えたことになる。南極条約を遵守する限り、南極は軍事的な争いはなく、訪れるのに政治的な壁もない地球上の理想郷である。この理想郷が地球上のすべての大陸に広がれば、戦争もなくなるだろう。

私は自分が生き抜いた日本の昭和から平成、そして令和の時代、南極観測を通して世界平和を享受し、その大切さを教えられたことに改めて感謝をする毎日である。

エピローグ

調べたいことは次々に出てきたが、エレバス山の火山活動を調べたいという希望を持ってから、およそ二十年で所期の目的を達成することができた。研究したい問題は山積していたが、私は一区切りつけることにした。

とにかく目的が達成できたことは、税金を使うことを許されたからである。極地研究所の外国との共同研究の予算を使わせてもらえたことで、調査研究をすることができ、目的が達成された。

毎年南極へ出かけて、観測や調査をしてくれた多くの日本人研究者の協力があって、この研究プログラムは成し遂げられた。

日本人研究者ばかりではない。アメリカ、ニュージーランドの研究者の協力があって、初めて通年観測をすることが可能になった。特にスコット基地の地球物理観測担当者にとっては、毎日の保守作業は大変な仕事だったと思う。

このように地球を相手にする学問は、相手の性質、本研究ではエレバス山という火山の噴火活動を知ることだが、そのためには数年から数十年という長い時間が必要である。今回は十年の歳月をかけたが、その十年の間に大きな爆発が起こるという幸運にも恵まれた。

そのため日本の火山と比べて、比較的短い時間で、エレバス火山の一応の噴火活動像を得ることができたのは、幸運だった。その幸運を呼んだのは三国の研究者のチームワークと、日本人研究者をはじめ参加した人たちの熱意だった。

世界の平和が続く限り、南極での国際協力による観測や調査は可能である。日本の研究者も、昭和基地ばかりでなく、南極全体を俯瞰する広い視野で、地球の中の南極という視点の研究を続けて欲しいと願っている。

本研究に参加した方々にはもちろん、支援していただいた多くの方々に心から感謝する。

現代書館の菊地泰博社長のご理解で、本書を世に出すことができた。また編集の藤井久子さんには丁寧に原稿を見ていただき、多くの有益な助言をいただいた。併記して感謝する。

神沼克伊（かみぬま・かつただ）
一九三七年生まれ。国立極地研究所ならびに総合研究大学院大学名誉教授。東京大学大学院理学系研究科修了後、東京大学地震研究所に入所し、地震や火山噴火予知の研究に携わる。一九七四年に国立極地研究所に異動、南極研究の第一人者として活躍。南極に「カミヌマクラッグ」「カミヌマブラフ」の二つの地名をもつ。
著書は『南極情報一〇一』（岩波書店）『地震学者の個人的な地震対策』『旅する南極大陸』『次の首都圏巨大地震を読み解く』（三五館）、『みんなが知りたい南極・北極の疑問50』『日本の火山を科学する』（サイエンス・アイ新書）、『地球環境を映す鏡南極の科学』（講談社ブルーバックス）、『白い大陸への挑戦』（現代書館）など多数。

南極の火山　エレバスに魅せられて
二〇一九年十一月三十日　第一版第一刷発行

著者　神沼克伊
発行者　菊地泰博
発行所　株式会社現代書館
東京都千代田区飯田橋三―二―五
郵便番号　102-0072
電　話　03（3221）1321
FAX　03（3262）5906
振　替　00120-3-83725
組　版　デザイン・編集室エディット
印刷所　平河工業社（本文）
東光印刷所（カバー）
製本所　積信堂
装　幀　奥冨佳津枝

 ISBN978-4-7684-5870-9

http://www.gendaishokan.co.jp/